蓬鬆柔軟、口感濕潤！翻轉蛋糕、裝飾蛋糕更是令人回味無窮。

方型烤盤烤出鬆軟戚風蛋糕

吉川文子

蓬鬆柔軟、口感濕潤，令人深深著迷，
「好想做做看！」，讓人不由地產生這種念頭的戚風蛋糕。

以深度十足的戚風蛋糕烤模，烤出形狀漂亮的戚風蛋糕，一直是大家的夢想，
確實烤熟了吧？冷卻過程中，令人既期待又充滿忐忑不安的心情，
從模型裡取出蛋糕時，更是絲毫不敢掉以輕心。

有時候，不知道為什麼，蛋糕表面竟然呈現凹陷狀態，
中央出現大洞時，更令人氣餒⋯⋯
清洗烤模很辛苦，收納場所也讓人好煩惱⋯⋯

以上種種都是利用戚風蛋糕烤模烘焙蛋糕時，經常會碰到的困擾。
參考書中作法，製作方形戚風蛋糕，就能一併解決所有的煩惱。

利用家中現有的烤盤，也能烤出蓬鬆柔軟、口感濕潤，
而且兼具叉了按壓後立即回彈的絕佳彈性與絕妙口感等特徵的戚風蛋糕。

戚風蛋糕太輕盈蓬鬆，吃起來令人意猶未盡⋯⋯
連懷著這種想法的人都感到很滿足。
配料與裝飾自由自在，作成裝飾蛋糕更賞心悅目。

學會以烤盤製作戚風蛋糕的技巧，
發現方法真的超簡單後，再也不想回頭使用戚風蛋糕烤模。

任何人都能成功地製作不失敗的戚風蛋糕，一定要在家試試看喔！

　　　吉 川 文 子

contents

Mix,
Put on

chapter 1
混合材料、添加配料

3 序

6 本書中推薦製作的
方形戚風蛋糕特徵

8 材料

9 工具

10 最基本的方形香草戚風蛋糕
製作方法

13 藍莓穀麥戚風蛋糕

16 楓糖香蕉戚風蛋糕

18 榛果柳橙巧克力戚風蛋糕

20 肉桂捲戚風蛋糕

22 黑糖芒果可可戚風蛋糕

24 伯爵茶 S'more 戚風蛋糕

25 S'more 戚風蛋糕

28 鹹味焦糖杏仁戚風蛋糕

30 楓糖堅果戚風蛋糕

32 檸檬覆盆莓戚風蛋糕

34 紅色甜椒戚風蛋糕

36 番茄柳橙戚風蛋糕

38 南瓜戚風蛋糕

40 栗子戚風蛋糕

42 摩卡咖啡戚風蛋糕

44 抹茶焙茶戚風蛋糕

45 砂糖醬油核桃戚風蛋糕

48 花生味噌戚風蛋糕

50 日本酒甘納豆戚風蛋糕

Upside Down

Decoration

chapter 2

翻轉蛋糕

55 柳橙翻轉蛋糕

58 焦糖洋梨戚風蛋糕

60 白巧克力蔓越莓戚風蛋糕

62 鳳梨粗玉米粉戚風蛋糕

64 法式焦糖杏仁戚風蛋糕

66 翻轉蘋果塔風香蕉戚風蛋糕

68 薩瓦蘭風戚風蛋糕

70 楓糖蘋果戚風蛋糕

72 烤布蕾戚風蛋糕

74 黃豆粉小紅豆戚風蛋糕

chapter 3

裝飾蛋糕

83 黑森林蛋糕

86 紅蘿蔔杏桃戚風蛋糕

88 Week end 檸檬蛋糕

89 檸檬蛋糕

92 果醬棉花糖夾心蛋糕

94 焦糖蘋果醬蘭姆葡萄乾戚風蛋糕

column

料多味美的戚風蛋糕

76 法式巧克力蛋糕

76 法式抹茶巧克力蛋糕

77 輕金磚蛋糕

77 薩赫蛋糕

本書中採用的計量等原則

● 為了更正確地計量，包括牛奶等液體材料，表記單位
　皆為 g。

● 1 大匙＝ 15ml、1 小匙＝ 5ml。

● 烤箱溫度與烘烤時間為大致基準。請配合家用機種，
　邊觀察烘烤情況、邊進行調整。

● 使用 600W 微波爐。未特別註記時，不覆蓋保鮮膜。

● 使用微波爐式烤箱時，設定烤箱預熱溫度前，請先結
　束微波爐的使用流程。

本書中推薦製作的
方形戚風蛋糕特徵

1

不需要使用戚風蛋糕烤模！

準備一個烤盤就能隨時動手製作

● 不使用清洗麻煩，收納困難的戚風蛋糕烤模，利用家中現有的烤盤，輕易地就能完成製作。取出蛋糕、製作後整理也更輕鬆順利。

● 本書使用不鏽鋼材質的烤盤，亦可使用琺瑯材質的烤盤。

● 相較於使用深度十足的戚風蛋糕烤模，烤盤較淺，烘焙蛋糕更不需要擔心失敗，大致冷卻速度也比較快。

2

作法超簡單

更輕鬆地製作戚風蛋糕

● 以傳統方式製作戚風蛋糕的蛋黃麵糊時，必須分別加入材料，一再地攪拌。以方形戚風蛋糕食譜製作時，依序倒入材料，以打蛋器攪拌均勻即完成，作法更簡單。

● 以傳統方式製作戚風蛋糕的蛋白霜時，細白砂糖分好幾次加入蛋白裡，採用此食譜時，將細白砂糖一口氣加入蛋白裡，以手持式電動攪拌器打發後即完成。除法式巧克力蛋糕（p.78）外，使用的蛋白霜分量皆共通。

3

完成的蛋糕分量感十足

口感濕潤、吃起來超滿足

● 相較於傳統戚風蛋糕，特徵為粉量較多，完成的蛋糕蓬鬆柔軟，彈性與吃起來的滿足感介於戚風蛋糕與海綿蛋糕之間。重點是蛋黃麵糊充分地攪打，促使產生乳化效果。

● 以冷卻的蛋白製作蛋白霜，確實地打發至撈起時呈現堅挺的尖角狀態，完成質地細緻的戚風蛋糕麵糊，烤出濕潤綿密口感外，依然保有蓬鬆柔軟感覺又不容易扁塌，吃起來輕盈無負擔的戚風蛋糕。

4

製作方法

千變萬化

● 烤成蛋糕後，不需要像傳統方式倒扣冷卻，可盡情地添加各種配料。

● 糕體扎實不扁塌，非常適合像翻轉蛋糕般，添加水果等配料，作出更多變化。冷卻時間也比較短，因此後續裝飾也更順利地完成。

保存也 OK

吃不完的話，建議冷凍保存。分切後以保鮮膜包好，放入保鮮袋，可冷凍保存兩星期左右。「混合材料、添加配料」、「翻轉蛋糕」請於室溫狀態自然解凍。「裝飾蛋糕」請冷藏解凍（使用奶霜的所有甜點皆可冷凍）。

材 料

A 低筋麵粉
書中使用可作出輕盈蓬鬆口感的特寶笠低筋麵粉。使用更容易取得的低筋麵粉也 OK。

B 細白砂糖
細白砂糖易溶解，適合製作蛋白霜或焦糖醬。書中也使用可大大提升蛋糕風味的蔗糖。

C 雞蛋
使用 M 尺寸雞蛋（蛋黃約 20g，蛋白約 35g）。

D 植物油
沙拉油、太白芝麻油等，味道清新、容易入手即 OK。使用菜籽油亦可。

E 泡打粉
使用無鋁配方的泡打粉。

F 果醬
製作藍莓穀麥戚風蛋糕（參照 p.13～p.15）等，加入麵糊中，製作柳橙翻轉蛋糕（參照 p.55～p.57）等，倒入烤盤底部。

G 棉花糖
伯爵茶 s'more & s'more 戚風蛋糕（參照 p.24～p.27）使用直徑 1cm 的棉花糖，果醬棉花糖夾心蛋糕（參照 p.92～p.93）使用直徑 2cm 的棉花糖。

H 香草油

I 楓糖漿

工具

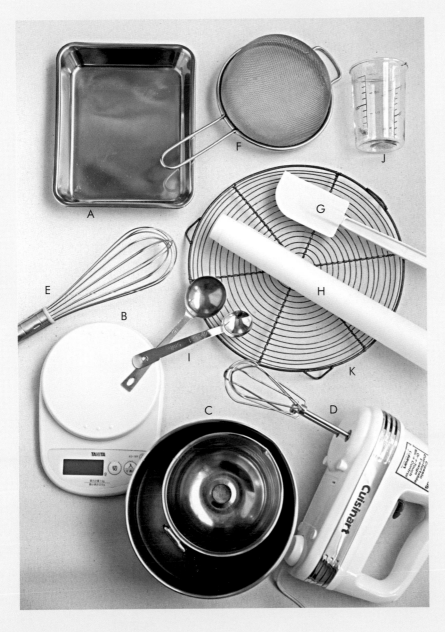

A 烤盤

書中使用長 21 × 寬 17 × 深 3cm 的不鏽鋼材質烤盤，使用琺瑯材質的烤盤也沒問題。

B 秤

包括液體材料，書中表記單位皆為 g，使用可量秤 1g 單位的數位類型磅秤，就能成功製作不失敗。

C 調理盆

製作蛋黃麵糊時使用直徑 18cm，製作蛋白霜時使用直徑 13～15cm，且深度適中的調理盆。

D 手持式電動攪拌器

調製戚風蛋糕蛋白霜的必要工具。

E 打蛋器

建議挑選全長約 23～27cm，攪拌部位的鐵絲很牢固的打蛋器。

F 篩子

建議使用網目細小，附帶把手的篩子。

G 橡皮刮刀

H 烤盤紙

I 量匙

J 量杯

K 蛋糕冷卻架

鋪入烤盤的烤盤紙尺寸

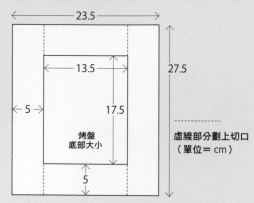

```
       ←——— 23.5 ———→
      ┌─────────────────────┐   ↑
      ┊     ┊      ┊     ┊   │
      ┊   ┌─────────┐   ┊   │
      ┊   │←─13.5─→│   ┊   │
      ┊   │        │   ┊  27.5
  ←5→ ┊   │   17.5 ┊   │
      ┊   │ 烤盤   │   ┊   │
      ┊   │ 底部大小│   ┊   │
      ┊   └─────────┘   ┊   │
      ┊   ←5→        ┊   │
      └─────────────────────┘   ↓
```

虛線部分劃上切口
（單位＝cm）

※ 翻轉蛋糕食譜上可能記載烤盤紙不劃切口等字句。
烤盤鋪上虛線部分未劃切口的烤盤紙，目的是避免焦糖
醬等汁液流出。

最基本的
方形香草戚風蛋糕
製作方法

材料（21×17×3cm 烤盤一個份）

A
- 蛋黃 ⋯⋯ 2 顆
- 植物油 ⋯⋯ 25g
- 水 ⋯⋯ 30g
- 細白砂糖 ⋯⋯ 45g
- 香草油 ⋯⋯ 少許

［蛋白霜］
- 蛋白 ⋯⋯ 2 顆
- 細白砂糖 ⋯⋯ 20g

B
- 低筋麵粉 ⋯⋯ 70g
- 泡打粉 ⋯⋯ 1/2 小匙

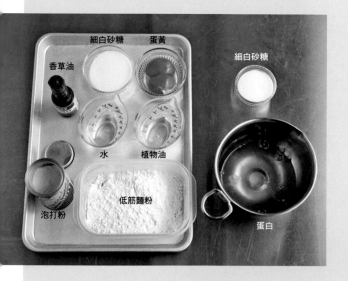

前置作業

● 蛋白放入冰箱裡充分地冷卻後備用。
　連同使用的調理盆一起冷卻更好。
● 混合材料 B 後過篩。
● 烤盤鋪上劃好切口的烤盤紙（右上圖），
　鋪好後高於烤盤側邊約 2cm。
● 烤箱預熱至 180℃。

1

製作蛋黃麵糊

材料 A 依序倒入調理盆後，立即以打蛋器充分
地攪打，促使產生乳化效果。蛋黃直接接觸細
白砂糖就會形成結晶狀態，細白砂糖更難溶
解。因此材料 A 必須依序倒入，並立即以打蛋
器充分地攪打。

2

製作蛋白霜

將冷卻的蛋白倒入另一個調理盆，一口氣加
入記載分量的細白砂糖，以高速運轉的手持
式電動攪拌器，打發至撈起時呈現堅挺的尖
角狀態。蛋白霜打發程度以傾斜調理盆時，
蛋白霜不會沿著邊緣滑落為大致基準。

3

將粉類材料加入蛋黃麵糊

步驟 *1* 添加半量材料 B 後，垂直立起打蛋器，邊朝著攪拌的相反方向轉動調理盆，邊迅速地攪拌。

4

添加蛋白霜

添加半量步驟 *2*，打蛋器由調理盆底部撈起後翻拌，蛋白霜不需要完全攪拌均勻。

5

攪拌至微微地留下粉狀為止

步驟 *4* 添加剩下的材料 B 後，換成橡皮刮刀，攪拌至微微地留下粉狀為止。添加剩下的步驟 *2*，由調理盆底部撈起後翻拌似地，確實攪拌均勻。

6

烘烤

將步驟 *5* 的麵糊倒入烤盤裡，以橡皮刮刀抹平表面。此時，由中心劃上對角線狀線條，有助於麵糊平均受熱，烤出相同的鬆軟度。烤盤由 10cm 左右的較低位置往檯面上敲打 3 ～ 4 次，排除麵糊中空氣後，放入 180℃烤箱裡烘烤 23 ～ 25 分鐘。

7

由烤盤裡取出蛋糕後即完成

烤好後，連同烤盤由 10cm 左右的較低位置往檯面上敲打，以防止蛋糕收縮。連同烤盤紙，由烤盤取出後，移往蛋糕冷卻架。

---

point

● 蛋白霜確實打發至撈起時呈現堅挺的尖角狀態，以避免蛋糕烤好後表面凹陷。

● 相較於傳統的戚風蛋糕，粉量較多，因此，粉類材料與蛋白霜分成兩次添加。橡皮刮刀由調理盆底部撈起後翻拌似地，確實攪拌均勻，完成既可確保蓬鬆口感又不易扁塌的蛋糕。

Mix,
Put on

chapter 1

混合材料、添加配料

可自由自在地添加任何配料而深具魅力的方形戚風蛋糕，
最大特色是，使用生活周遭最容易取得的材料，
經過混合材料、添加配料、進行調味後烘烤即完成。
烤好後，不必像傳統戚風蛋糕般倒扣冷卻。
最令人激賞的是，可加上滿滿的配料，從外觀上或味道上作出不同的變化。
本書中將介紹 19 道富於變化的戚風蛋糕食譜。

Blueberry & granola chiffon cake

Maple banana chiffon cake

Orange & chocolate chiffon cake with hazelnut

Cinnamon roll style chiffon cake

Brown sugar & mango coconut chiffon cake

Earl Grey s'mores chiffon cake

Double chocolate s'mores chiffon cake

Salted caramel chiffon cake with almonds

Maple & nuts chiffon cake

Lemon raspberry chiffon cake

Paprika chiffon cake

Tomato with orange marmalade chiffon cake

Pumpkin chiffon cake

Chestnut chiffon cake

Mocha chiffon cake

Matcha & hojicha maple chiffon cake

Walnut sweet soy sauce chiffon cake

Peanut butter & miso chiffon cake

Red sweet beans & sake flavored chiffon cake

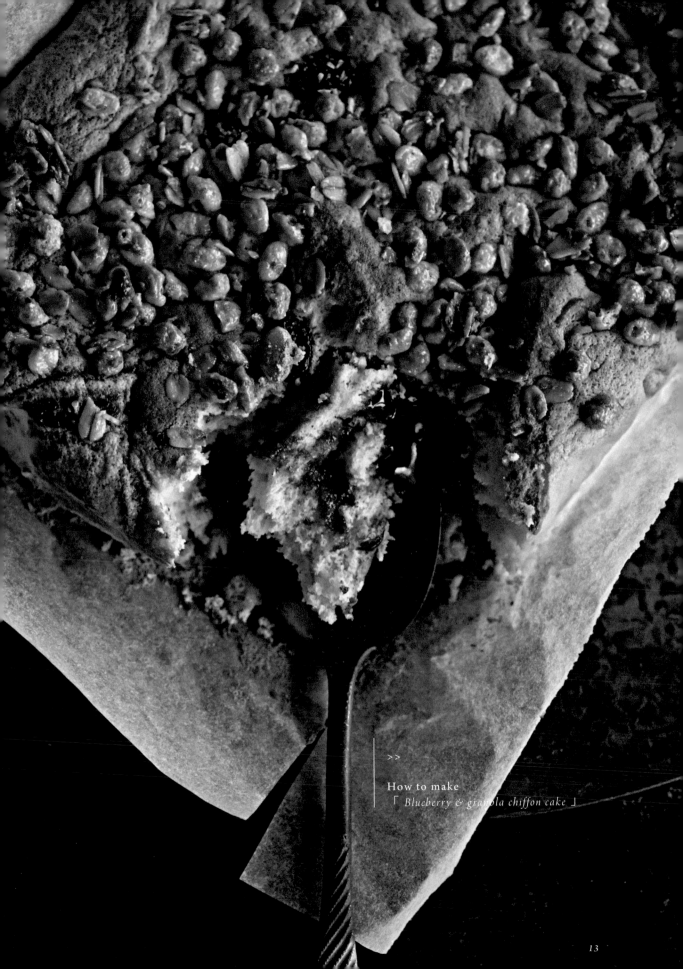

>>
How to make
「 *Blueberry & granola chiffon cake* 」

How to make
「 Blueberry & granola chiffon cake 」

藍莓穀麥戚風蛋糕

充滿藍莓果醬與檸檬的酸味,
又能享受穀麥酥脆彈牙口感的戚風蛋糕。
訣竅是大理石麵糊添加果醬後避免過度攪拌。

（完成圖 p.13）

1

材料 A 依序倒入調理盆後,立即以打蛋器充分地攪打,促使產生乳化效果。

2

製作蛋白霜。將冷卻的蛋白倒入另一個調理盆裡,一口氣加入記載分量的細白砂糖,以高速運轉的手持式電動攪拌器,打發至撈起時呈現堅挺的尖角狀態。

3

混合藍莓果醬與檸檬汁。步驟 1 添加半量材料 B 後,垂直立起打蛋器,邊朝著攪拌的相反方向轉動調理盆,邊迅速地攪拌均勻。添加半量步驟 2,打蛋器由調理盆底部撈起後翻拌,蛋白霜不需要完全攪拌均勻。

材料 （21×17×3cm 烤盤一個份）

　　　蛋黃 …… 2 顆
　　　植物油 …… 25g
A　　水 …… 25g
　　　細白砂糖 …… 40g
　　　香草油 …… 少許

[蛋白霜]
　　　蛋白 …… 2 顆
　　　細白砂糖 …… 20g
B　　低筋麵粉 …… 70g
　　　泡打粉 …… 1/2 小匙
　　藍莓果醬 …… 30g
　　檸檬汁 …… 1 小匙
　　水果穀麥 …… 30g

前置作業

● 蛋白放入冰箱裡充分地冷卻後備用。
　連同使用的調理盆一起冷卻更好。
● 混合材料 B 後過篩。
● 烤盤鋪上劃好切口的烤盤紙（參照 p.10 圖）。
● 烤箱預熱至 180℃。

4

步驟 3 的麵糊添加剩下的材料 B
後，換成橡皮刮刀，攪拌至微微地
留下粉狀為止。添加剩下的步驟
2，由調理盆底部撈起後翻拌似
地，確實攪拌均勻。利用湯匙取步
驟 3 的藍莓果醬後，隨意地加在
麵糊上。

5

橡皮刮刀輕輕地攪拌 2～3 次，以
便烤出大理石紋路。將麵糊倒入烤
盤裡，以橡皮刮刀抹平表面。此
時，由中心劃上對角線狀線條，有
助於麵糊平均受熱，烤出相同的鬆
軟度。烤盤由較低位置往檯面上敲
打 3～4 次，排除麵糊中空氣。

6

麵糊表面撒上水果穀麥，放入
180℃烤箱裡烘烤 23～25 分鐘。
烤好後，連同烤盤由較低位置往檯
面上敲打，以防止蛋糕收縮。連同
烤盤紙，由烤盤取出後，移往蛋糕
冷卻架。

楓糖香蕉戚風蛋糕

非常豪邁地將成熟的香蕉插入麵糊裡，
完成視覺效果超獨特的戚風蛋糕。
麵糊裡也添加搗成泥狀的香蕉，
以楓糖漿的甜味與香氣增添美味。

材料（21×17×3cm 烤盤一個份）

A	香蕉 ⋯⋯ 1 根（淨重 100g）
	蛋黃 ⋯⋯ 2 顆
	植物油 ⋯⋯ 25g
	蔗糖 ⋯⋯ 50g

［蛋白霜］
　蛋白 ⋯⋯ 2 顆
　細白砂糖 ⋯⋯ 20g

B	低筋麵粉 ⋯⋯ 75g
	泡打粉 ⋯⋯ 1/2 小匙

香蕉（裝飾用）⋯⋯ 1 大根（淨重 130g）
楓糖漿 ⋯⋯ 30g

前置作業

● 蛋白放入冰箱裡充分地冷卻後備用。
　連同使用的調理盆一起冷卻更好。

● 材料 A 的香蕉去皮後，以叉子搗成泥狀。
　裝飾用切成長 4cm。

● 混合材料 B 後過篩。

● 烤盤鋪上劃好切口的烤盤紙（參照 p.10 圖）。

● 烤箱預熱至 180℃。

製作方法

1 材料 A 依序倒入調理盆後，立即以打蛋器充分地攪打，促使產生乳化效果。

2 製作蛋白霜。將冷卻的蛋白倒入另一個調理盆裡，一口氣加入記載分量的細白砂糖，以高速運轉的手持式電動攪拌器，打發至撈起時呈現堅挺的尖角狀態。

3 步驟 1 添加半量材料 B 後，垂直立起打蛋器，邊朝著攪拌的相反方向轉動調理盆，邊迅速地攪拌。添加半量步驟 2，打蛋器由調理盆底部撈起後翻拌，蛋白霜不需要完全攪拌均勻。

4 步驟 3 添加剩下的材料 B 後，換成橡皮刮刀，攪拌至微微地留下粉狀為止。添加剩下的步驟 2，由調理盆底部撈起後翻拌似地，確實攪拌均勻。

5 將步驟 4 的麵糊倒入烤盤裡，以橡皮刮刀抹平表面。此時，由中心劃上對角線狀線條，有助於麵糊平均受熱，烤出相同的鬆軟度。烤盤由較低位置往檯面上敲打 3～4 次，排除麵糊中空氣。將裝飾用香蕉插入麵糊底部後，淋上楓糖漿。

6 放入 180℃ 烤箱裡烘烤 25 分鐘左右。烤好後，連同烤盤由較低位置往檯面上敲打，以防止蛋糕收縮。連同烤盤紙，由烤盤取出後，移往蛋糕冷卻架。依喜好淋上楓糖漿（分量外）。

榛果柳橙巧克力戚風蛋糕

麵糊中藏著搭配性絕佳的柳橙與巧克力，
蛋糕出爐後又撒滿橙皮，
突顯清新香氣。
佈滿蛋糕表面的榛果口感也很值得細細地品味。

材料 (21 × 17 × 3cm 烤盤一個份)

A
- 蛋黃 …… 2 顆
- 植物油 …… 25g
- 水 …… 30g
- 細白砂糖 …… 30g

橙皮 …… 50g

[蛋白霜]
- 蛋白 …… 2 顆
- 細白砂糖 …… 20g

B
- 低筋麵粉 …… 60g
- 杏仁粉 …… 15g
- 泡打粉 …… 1/2 小匙

片狀巧克力（牛奶巧克力）…… 30g

榛果 …… 30g

柳橙皮 …… 適量

前置作業

● 蛋白放入冰箱裡充分地冷卻後備用。
連同使用的調理盆一起冷卻更好。

● 片狀巧克力切碎。

● 榛果對切成兩半。

● 混合材料 B 後過篩。

● 烤盤鋪上劃好切口的烤盤紙（參照 p.10 圖）。

● 烤箱預熱至 180℃。

製作方法

1 材料 A 依序倒入調理盆後，立即以打蛋器充分地攪打，促使產生乳化效果。

2 製作蛋白霜。將冷卻的蛋白倒入另一個調理盆裡，一口氣加入記載分量的細白砂糖，以高速運轉的手持式電動攪拌器，打發至撈起時呈現堅挺的尖角狀態。

3 步驟 *1* 添加半量材料 B 和橙皮後，垂直立起打蛋器，邊朝著攪拌的相反方向轉動調理盆，邊迅速地攪拌。添加半量步驟 *2*，打蛋器由調理盆底部撈起後翻拌，蛋白霜不需要完全攪拌均勻。

4 步驟 *3* 添加剩下的材料 B 後，換成橡皮刮刀，攪拌至微微地留下粉狀為止。添加剩下的步驟 *2*，由調理盆底部撈起後翻拌似地，確實攪拌均勻。添加片狀巧克力後繼續攪拌。

5 將步驟 *4* 的麵糊倒入烤盤裡，以橡皮刮刀抹平表面。此時，由中心劃上對角線狀線條，有助於麵糊平均受熱，烤出相同的鬆軟度。烤盤由較低位置往檯面上敲打 3 ～ 4 次，排除麵糊中空氣。將榛果撒在表面上。

6 放入 180℃ 烤箱裡烘烤 23 ～ 25 分鐘。烤好後，連同烤盤由較低位置往檯面上敲打，以防止蛋糕收縮。連同烤盤紙，由烤盤取出後，移往蛋糕冷卻架。以削皮器削好柳橙皮後裝飾邊緣。

肉桂捲戚風蛋糕

麵糊內外都添加，雙重使用肉桂醬。
麵糊添加肉桂醬後，避免過度攪拌。
不只能夠烤出漂亮的大理石紋路，
還可更進一步地突顯肉桂香氣。

材料 （21 × 17 × 3cm 烤盤一個份）

A
- 蛋黃 …… 2 顆
- 植物油 …… 25g
- 水 …… 30g
- 細白砂糖 …… 40g
- 香草油 …… 少許

［蛋白霜］
- 蛋白 …… 2 顆
- 細白砂糖 …… 20g

B
- 低筋麵粉 …… 70g
- 泡打粉 …… 1/2 小匙

［肉桂醬］
- 蔗糖 …… 30g
- 肉桂粉 …… 1 小匙
- 植物油 …… 10g
- 原味優格 …… 10g

前置作業

● 蛋白放入冰箱裡充分地冷卻後備用。
連同使用的調理盆一起冷卻更好。
● 混合材料 B 後過篩。
● 烤盤鋪上劃好切口的烤盤紙（參照 p.10 圖）。
● 烤箱預熱至 180℃。

a

b

製作方法

1　肉桂醬材料倒入調理盆後攪拌均勻。

2　材料 A 依序倒入另一個調理盆後，立即以打蛋器充分地攪打，促使產生乳化效果。

3　製作蛋白霜。將冷卻的蛋白倒入另一個調理盆裡，一口氣加入記載分量的細白砂糖，以高速運轉的手持式電動攪拌器，打發至撈起時呈現堅挺的尖角狀態。

4　步驟 2 添加半量材料 B 後，垂直立起打蛋器，邊朝著攪拌的相反方向轉動調理盆，邊迅速地攪拌。添加半量步驟 3，打蛋器由調理盆底部撈起後翻拌，蛋白霜不需要完全攪拌均勻。

5　步驟 4 添加剩下的材料 B 後，換成橡皮刮刀，攪拌至微微地留下粉狀為止。添加剩下的步驟 3，由調理盆底撈起後翻拌似地，確實攪拌均勻。添加剩下 1/3 分量的步驟 1，橡皮刮刀輕輕地攪拌 2 ～ 3 次，以便烤出大理石紋路。

6　將步驟 5 的麵糊倒入烤盤裡，以橡皮刮刀抹平表面。此時，由中心劃上對角線狀線條，有助於麵糊平均受熱，烤出相同的鬆軟度。烤盤由較低位置往檯面上敲打 3 ～ 4 次，排除麵糊中空氣。剩下的步驟 1 以橡皮刮刀隨意抹在表面上（*a*），再以湯匙背大致抹開（*b*）。

7　放入 180℃烤箱裡烘烤 25 分鐘左右。烤好後，連同烤盤由較低位置往檯面上敲打，以防止蛋糕收縮。連同烤盤紙，由烤盤取出後，移往蛋糕冷卻架。

黑糖芒果可可戚風蛋糕

組合三種個性十足的南國產素材，
完成充滿異國風味的美味甜點。
黑糖的微妙顆粒感，新鮮又有趣。

材料（21×17×3cm 烤盤一個份）

芒果（罐頭）…… 1/2 罐

A
蛋黃 …… 2 顆
植物油 …… 25g
檸檬汁 …… 10g
黑糖 …… 50g

［蛋白霜］
蛋白 …… 2 顆
細白砂糖 …… 20g

B
低筋麵粉 …… 70g
泡打粉 …… 1/2 小匙

椰子粉 …… 30g

前置作業

● 蛋白放入冰箱裡充分地冷卻後備用。
連同使用的調理盆一起冷卻更好。
● 芒果瀝乾水分。80g 麵糊用芒果以叉子搗碎。
剩下的切成 1cm 小丁，以廚房紙巾擦乾水分
後供裝飾用。
● 混合材料 B 後過篩。
● 烤盤鋪上劃好切口的烤盤紙（參照 p.10 圖）。
● 烤箱預熱至 180℃。

製作方法

1　搗碎的麵糊用芒果與材料 A 依序倒入調理盆後，立即以打蛋器充分地攪打，促使產生乳化效果。

2　製作蛋白霜。將冷卻的蛋白倒入另一個調理盆裡，一口氣加入記載分量的細白砂糖，以高速運轉的手持式電動攪拌器，打發至撈起時呈現堅挺的尖角狀態。

3　步驟 1 添加半量材料 B 後，垂直立起打蛋器，邊朝著攪拌的相反方向轉動調理盆，邊迅速地攪拌。添加半量步驟 2，打蛋器由調理盆底部撈起後翻拌，蛋白霜不需要完全攪拌均勻。

4　步驟 3 添加剩下的材料 B 後，換成橡皮刮刀，攪拌至微微地留下粉狀為止。添加剩下的步驟 2，由調理盆底撈起後翻拌似地，確實攪拌均勻。添加 2/3 分量的椰子粉後繼續攪拌。

5　將步驟 4 的麵糊倒入烤盤裡，以橡皮刮刀抹平表面。此時，由中心畫上對角線狀線條，有助於麵糊平均受熱，烤出相同的鬆軟度。烤盤由較低位置往檯面上敲打 3、4 次，排除麵糊中空氣。將剩下的椰子粉撒在表面上，加上切成小丁的芒果。

6　放入 180℃烤箱裡烘烤 25 分鐘左右。烤好後，連同烤盤紙，由烤盤取出後，移往蛋糕冷卻架。

伯爵茶 S'more 戚風蛋糕

添加棉花糖與白巧克力，
烤出蓬鬆柔軟，濃稠到牽絲的 S'more ※ 變化作法。
添加伯爵茶的戚風蛋糕，
不斷地飄出佛手柑的美妙香氣。

※S'more：烤棉花糖巧克力夾心餅，歷久不衰的美國露營點心。
　S'more 為「some more」縮寫，因為融合著烤棉花糖與巧克力的甜
　美滋味而讓人吃了還想再吃。據說是美國女童軍發明。

材料（21 × 17 × 3cm 烤盤一個份）

A	蛋黃 …… 2 顆
	植物油 …… 25g
	牛奶 …… 40g
	細白砂糖 …… 40g

［蛋白霜］

　蛋白 …… 2 顆
　細白砂糖 …… 20g

B	低筋麵粉 …… 70g
	泡打粉 …… 1/2 小匙
	伯爵茶（茶包）…… 1 袋

片狀巧克力（白）…… 30g
棉花糖（小）…… 20g

前置作業

● 蛋白放入冰箱裡充分地冷卻後備用。
　連同使用的調理盆一起冷卻更好。
● 片狀巧克力切粗粒。
● 混合材料 B 的低筋麵粉與泡打粉後過篩，
　由袋裡取出茶葉，添加後攪拌均勻。
● 烤盤鋪上劃好切口的烤盤紙（參照 p.10 圖）。
● 烤箱預熱至 180℃。

製作方法

1 材料 A 依序倒入調理盆後，立即以打蛋器充分地攪打，
促使產生乳化效果。

2 製作蛋白霜。將冷卻的蛋白倒入另一個調理盆裡，一口
氣加入記載分量的細白砂糖，以高速運轉的手持式電動
攪拌器，打發至撈起時呈現堅挺的尖角狀態。

3 步驟 *1* 添加半量材料 B 後，垂直立起打蛋器，邊朝著
攪拌的相反方向轉動調理盆，邊迅速地攪拌。添加半量
步驟 *2*，打蛋器由調理盆底部撈起後翻拌，蛋白霜不需
要完全攪拌均勻。

4 步驟 *3* 的麵糊添加剩下的材料 B 後，換成橡皮刮刀，
攪拌至微微地留下粉狀為止。添加剩下的步驟 *2*，由調
理盆底部撈起後翻拌似地，確實攪拌均勻。

5 將步驟 *4* 的麵糊倒入烤盤裡，以橡皮刮刀抹平表面。
此時，由中心劃上對角線狀線條，有助於麵糊平均受
熱，烤出相同的鬆軟度。烤盤由較低位置往檯面上敲打
3 ～ 4 次，排除麵糊中空氣。加上切碎的片狀巧克力與
棉花糖。

6 放入 180℃烤箱裡烘烤 23 ～ 25 分鐘。烤好後，連同烤
盤由較低位置往檯面上敲打，以防止蛋糕收縮。連同烤
盤紙，由烤盤取出後，移往蛋糕冷卻架。

S'more 戚風蛋糕

蓬鬆柔軟、充滿可可甜美味道的麵糊，
加上巧克力與棉花糖配料後烘烤即完成。
盡情地享用充滿酥脆口感的棉花糖，
濃稠牽絲的巧克力現烤滋味吧！

材料 （21 × 17 × 3cm 烤盤一個份）

A
- 細白砂糖 ⋯⋯ 50g
- 可可粉 ⋯⋯ 20g
- 植物油 ⋯⋯ 20g
- 水 ⋯⋯ 30g
- 蛋黃 ⋯⋯ 2 顆
- 香草油 ⋯⋯ 少許

［蛋白霜］
- 蛋白 ⋯⋯ 2 顆
- 細白砂糖 ⋯⋯ 20g

B
- 低筋麵粉 ⋯⋯ 50g
- 泡打粉 ⋯⋯ 1/2 小匙

片狀巧克力（黑）⋯⋯ 30g
棉花糖（小）⋯⋯ 20g

前 置 作 業

- 蛋白放入冰箱裡充分地冷卻後備用。
  連同使用的調理盆一起冷卻更好。
- 片狀巧克力用手剝成碎片。
- 可可粉過篩。
- 混合材料 B 後過篩。
- 烤盤鋪上劃好切口的烤盤紙（參照 p.10 圖）。
- 烤箱預熱至 180℃。

製 作 方 法

1　材料 A 的細白砂糖與可可粉倒入調理盆後，以打蛋器確實地攪拌均勻。添加剩下的材料 A 後，立即以打蛋器充分地攪打，促使產生乳化效果。

2　製作蛋白霜。將冷卻的蛋白倒入另一個調理盆裡，一口氣加入記載分量的細白砂糖，以高速運轉的手持式電動攪拌器，打發至撈起時呈現堅挺的尖角狀態。

3　步驟 1 添加半量步驟 2 後，以打蛋器迅速地攪拌。添加半量材料 B 後，換成橡皮刮刀，由調理盆底部撈起後翻拌，加入另一半並攪拌至微微地留下粉狀為止。添加剩下的步驟 2，由調理盆底部撈起後翻拌似地，確實攪拌均勻。

4　將步驟 3 的麵糊倒入烤盤裡，以橡皮刮刀抹平表面。此時，由中心劃上對角線狀線條，有助於麵糊平均受熱，烤出相同的鬆軟度。烤盤由較低位置往檯面上敲打 3～4 次，排除麵糊中空氣。加上片狀巧克力與棉花糖。

5　放入 180℃烤箱裡烘烤 23～25 分鐘。烤好後，連同烤盤由較低位置往檯面上敲打，以防止蛋糕收縮。連同烤盤紙，由烤盤取出後，移往蛋糕冷卻架。

鹹味焦糖杏仁戚風蛋糕

加上鹹味適中、味道香濃的焦糖，
讓人不由地吃上癮的美味甜點。
焦糖醬裝入密封容器裡，常溫狀態可保存一個月左右。
多做一些存放著，烤好戚風蛋糕後淋上去即完成。

材料 (21×17×3cm 烤盤一個份)

A
蛋黃	2 顆
植物油	20g
焦糖醬*	50g
水	10g
蔗糖	15g
鹽	1/2 小匙

[蛋白霜]
蛋白 …… 2 顆
細白砂糖 …… 20g

B
低筋麵粉	70g
肉桂粉	少許
泡打粉	1/2 小匙

杏仁片 …… 20g

[焦糖醬＊]
細白砂糖 …… 100g
熱水 …… 50g

前置作業

● 蛋白放入冰箱裡充分地冷卻後備用。
　連同使用的調理盆一起冷卻更好。
● 混合材料 B 後過篩。
● 烤盤鋪上劃好切口的烤盤紙（參照 p.10 圖）。
● 烤箱預熱至 180℃。

a

b

製作方法

1 製作焦糖醬。將細白砂糖倒入鍋裡，以中火加熱，邊繞鍋溶解細白砂糖，邊熬煮成深茶色焦糖醬（*a*）。小泡泡轉變成大泡泡後熄火，少量多次添加記載分量的熱水，晃鍋促使焦糖溶解。將鍋子擺在潮濕的抹布上，微微地冷卻（*b*）後取出 50g，於材料 A 調配麵糊時使用。

2 材料 A 依序倒入調理盆後，立即以打蛋器充分地攪打，促使產生乳化效果。

3 製作蛋白霜。將冷卻的蛋白倒入另一個調理盆裡，一口氣加入記載分量的細白砂糖，以高速運轉的手持式電動攪拌器，打發至撈起時呈現堅挺的尖角狀態。

4 步驟 2 添加半量材料 B 後，垂直立起打蛋器，邊朝著攪拌的相反方向轉動調理盆，邊迅速地攪拌。添加半量步驟 3，打蛋器由調理盆底部撈起後翻拌，蛋白霜不需要完全攪拌均勻。

5 步驟 4 添加剩下的材料 B 後，換成橡皮刮刀，攪拌至微微地留下粉狀為止。添加剩下的步驟 3，由調理盆底撈起後翻拌似地，確實攪拌均勻。

6 將步驟 5 的麵糊倒入烤盤裡，以橡皮刮刀抹平表面。此時，由中心劃上對角線狀線條，有助於麵糊平均受熱，烤出相同的鬆軟度。烤盤由較低位置往檯面上敲打 3～4 次，排除麵糊中空氣。將杏仁片撒在表面上。

7 放入 180℃烤箱裡烘烤 23～25 分鐘。烤好後，連同烤盤由較低位置往檯面上敲打，以防止蛋糕收縮。連同烤盤紙，由烤盤取出後，移往蛋糕冷卻架。依喜好淋上焦糖醬後享用。

楓糖堅果戚風蛋糕

核桃、美洲薄殼核桃、杏仁，
烤出酥脆口感後，拌上楓糖漿，
更加地突顯堅果香氣。
麵糊添加楓糖漿，完成口感更濕潤鬆軟的蛋糕。

材料 (21 × 17 × 3cm 烤盤一個份)

A
| 蛋黃 …… 2 顆
| 楓糖漿 …… 70g
| 植物油 …… 25g
| Maple oil …… 少許

［蛋白霜］
蛋白 …… 2 顆
細白砂糖 …… 20g

B
| 低筋麵粉 …… 75g
| 泡打粉 …… 1/2 小匙

［楓糖堅果］
核桃、美國薄殼核桃、杏仁
…… 共 50g
楓糖漿 …… 1 大匙
鹽 …… 1 小撮

前置作業

● 蛋白放入冰箱裡充分地冷卻後備用。
　連同使用的調理盆一起冷卻更好。
● 堅果類烤香後切粗粒。
● 混合材料 B 後過篩。
● 烤盤鋪上劃好切口的烤盤紙（參照 p.10 圖）。
● 烤箱預熱至 180℃。

製作方法

1 楓糖堅果材料倒入調理盆後，確實地攪拌（*a*）。

2 材料 A 依序倒入另一個調理盆後，立即以打蛋器充分地攪打，促使產生乳化效果。

3 製作蛋白霜。將冷卻的蛋白倒入另一個調理盆裡，一口氣加入記載分量的細白砂糖，以高速運轉的手持式電動攪拌器，打發至撈起時呈現堅挺的尖角狀態。

4 步驟 2 添加半量材料 B 後，垂直立起打蛋器，邊朝著攪拌的相反方向轉動調理盆，邊迅速地攪拌。添加半量步驟 3，打蛋器由調理盆底部撈起後翻拌，蛋白霜不需要完全攪拌均勻。

5 步驟 4 添加剩下的材料 B 後，換成橡皮刮刀，攪拌至微微地留下粉狀為止。添加剩下的步驟 3，由調理盆底部撈起後翻拌似地，確實攪拌均勻。

6 將步驟 5 的麵糊倒入烤盤裡，以橡皮刮刀抹平表面。此時，由中心劃上對角線狀線條，有助於麵糊平均受熱，烤出相同的鬆軟度。烤盤由較低位置往檯面上敲打 3 ～ 4 次，排除麵糊中空氣。將步驟 1 撒在表面上。

7 放入 180℃ 烤箱裡烘烤 23 ～ 25 分鐘。烤好後，連同烤盤由較低位置往檯面上敲打，以防止蛋糕收縮。連同烤盤紙，由烤盤取出後，移往蛋糕冷卻架。

a

檸檬覆盆莓戚風蛋糕

散發檸檬清新香氣的戚風蛋糕麵糊，
因為優格發揮效果而烤出更濕潤口感。
撒上糖粉後烘烤又增添了酥脆顆粒感。
依喜好變換餡料等，可更廣泛地應用。

材料 （21×17×3cm 烤盤一個份）

A
| 蛋黃 …… 2 顆
| 植物油 …… 25g
| 原味優格 …… 20g
| 檸檬汁 …… 20g
| 檸檬皮（磨成泥）…… 1/2 顆份
| 細白砂糖 …… 50g

［蛋白霜］
蛋白 …… 2 顆
細白砂糖 …… 20g

B
| 低筋麵粉 …… 70g
| 泡打粉 …… 1/2 小匙

覆盆莓（生鮮或冷凍）…… 150g
糖粉 …… 適量

前置作業

● 蛋白放入冰箱裡充分地冷卻後備用。
　連同使用的調理盆一起冷卻更好。
● 混合材料 B 後過篩。
● 烤盤鋪上劃好切口的烤盤紙（參照 p.10 圖）。
● 烤箱預熱至 180℃。

製作方法

1 材料 A 依序倒入調理盆後，立即以打蛋器充分地攪打，促使產生乳化效果。

2 製作蛋白霜。將冷卻的蛋白倒入另一個調理盆裡，一口氣加入記載分量的細白砂糖，以高速運轉的手持式電動攪拌器，打發至撈起時呈現堅挺的尖角狀態。

3 步驟 1 添加半量材料 B 後，垂直立起打蛋器，邊朝著攪拌的相反方向轉動調理盆，邊迅速地攪拌均勻。添加半量步驟 2，打蛋器由調理盆底部撈起後翻拌，蛋白霜不需要完全攪拌均勻。

4 步驟 3 添加剩下的材料 B 後，換成橡皮刮刀，攪拌至微微地留下粉狀為止。添加剩下的步驟 2，由調理盆底部撈起後翻拌似地，確實攪拌均勻。添加 1/2 分量的覆盆莓（冷凍覆盆莓也可直接添加）後大致攪拌。

5 將步驟 4 的麵糊倒入烤盤裡，以橡皮刮刀抹平表面。此時，由中心劃上對角線狀線條，有助於麵糊平均受熱，烤出相同的鬆軟度。烤盤由較低位置往檯面上敲打 3～4 次，排除麵糊中空氣。以濾茶器將糖粉篩在表面上，將剩下的覆盆莓（冷凍覆盆莓也可直接添加）加在表面上。

6 放入 180℃烤箱裡烘烤 30 分鐘左右。烤好後，連同烤盤由較低位置往檯面上敲打，以防止蛋糕收縮。連同烤盤紙，由烤盤取出後，移往蛋糕冷卻架。

紅色甜椒戚風蛋糕

甜椒烤至表皮變黑，促使甜份更濃縮。
處理成泥狀後，混入麵糊裡。
撒上甜椒粉以增添辛香味道，
適合搭配紅酒等飲酒時享用。

材料（21×17×3cm 烤盤一個份）

紅色甜椒……1 個

A
| 蛋黃……2 顆 |
| 植物油……25g |
| 原味優格……15g |
| 檸檬汁……10g |
| 細白砂糖……30g |
| 甜椒粉……1 小匙 |

[蛋白霜]

蛋白……2 顆

細白砂糖……20g

B
| 低筋麵粉……70g |
| 泡打粉……1 小匙 |

甜椒粉、香葉芹……各適量

前置作業

● 蛋白放入冰箱裡充分地冷卻後備用。
　連同使用的調理盆一起冷卻更好。
● 甜椒對半分切後，去除種籽與蒂頭，放入烤麵
　包機裡烤 10 分鐘左右，烤至表皮出現幾處焦
　黑狀態。
　放入塑膠袋裡，靜置 5 分鐘後剝除外皮（a）。
● 混合材料 B 後過篩。
● 烤盤鋪上劃好切口的烤盤紙（參照 p.10 圖）。
● 烤箱預熱至 180℃。

製作方法

1 將烤過後剝除外皮的甜椒與材料 A，倒入果汁機裡打成
　泥狀後，移入調理盆。

2 製作蛋白霜。將冷卻的蛋白倒入另一個調理盆裡，一口
　氣加入記載分量的細白砂糖，以高速運轉的手持式電動
　攪拌器，打發至撈起時呈現堅挺的尖角狀態。

3 步驟 1 添加半量材料 B 後，垂直立起打蛋器，邊朝著
　攪拌的相反方向轉動調理盆，邊迅速地攪拌。添加半量
　步驟 2，打蛋器由調理盆底部撈起後翻拌，蛋白霜不需
　要完全攪拌均勻。

4 步驟 3 添加剩下的材料 B 後，換成橡皮刮刀，攪拌至
　微微地留下粉狀為止。添加剩下的步驟 2，由調理盆底
　部撈起後翻拌似地，確實攪拌均勻。

5 將步驟 4 的麵糊倒入烤盤裡，以橡皮刮刀抹平表面。
　此時，由中心劃上對角線狀線條，有助於麵糊平均受
　熱，烤出相同的鬆軟度。烤盤由較低位置往檯面上敲打
　3～4 次，排除麵糊中空氣。

6 放入 180℃烤箱裡烘烤 25 分鐘左右。烤好後，連同烤
　盤由較低位置往檯面上敲打，以防止蛋糕收縮。連同烤
　盤紙，由烤盤取出後，移往蛋糕冷卻架。大致冷卻後，
　輕輕地撕掉烤盤紙。撒上甜椒粉，以香葉芹為裝飾。

a

番茄柳橙戚風蛋糕

添加番茄果汁與橙皮果醬後混合成麵糊，
非常豪邁地加上大片柳橙配料。
添加充滿清涼感的羅勒、黑胡椒使味道更凝聚。

材料（21 × 17 × 3cm 烤盤一個份）

A
- 蛋黃 …… 2 顆
- 植物油 …… 25g
- 番茄汁 …… 50g
- 橙皮果醬 …… 50g
- 細白砂糖 …… 30g
- 鹽 …… 1 小撮
  （使用加鹽番茄汁時則不需要）
- 乾燥羅勒 …… 1 小匙
- 粗碾黑胡椒 …… 1/4 小匙
- 橙皮（磨成泥）…… 1/3 顆份

[蛋白霜]
- 蛋白 …… 2 顆
- 細白砂糖 …… 20g

B
- 低筋麵粉 …… 70g
- 泡打粉 …… 1 小匙

柳橙 …… 3 片份（厚 3mm 片狀）

C
- 橙皮果醬 …… 2 大匙
- 柳橙汁 …… 1 小匙

羅勒葉 …… 適量

前置作業

- 蛋白放入冰箱裡充分地冷卻後備用。
  連同使用的調理盆一起冷卻更好。
- 柳橙切片後以廚房紙巾擦乾水分。
- 混合材料 B 後過篩。
- 混合材料 C 後備用。
- 烤盤鋪上劃好切口的烤盤紙（參照 p.10 圖）。
- 烤箱預熱至 180℃。

製作方法

1 材料 A 依序倒入調理盆後，立即以打蛋器充分地攪打，促使產生乳化效果。

2 製作蛋白霜。將冷卻的蛋白倒入另一個調理盆裡，一口氣加入記載分量的細白砂糖，以高速運轉的手持式電動攪拌器，打發至撈起時呈現堅挺的尖角狀態。

3 步驟 1 添加半量材料 B 後，垂直立起打蛋器，邊朝著攪拌的相反方向轉動調理盆，邊迅速地攪拌。添加半量步驟 2，打蛋器由調理盆底部撈起後翻拌，蛋白霜不需要完全攪拌均勻。

4 步驟 3 添加剩下的材料 B 後，換成橡皮刮刀，攪拌至微微地留下粉狀為止。添加剩下的步驟 2，由調理盆底部撈起後翻拌似地，確實攪拌均勻。

5 將步驟 4 的麵糊倒入烤盤裡，以橡皮刮刀抹平表面。此時，由中心劃上對角線狀線條，有助於麵糊平均受熱，烤出相同的鬆軟度。烤盤由較低位置往檯面上敲打 3 ～ 4 次，排除麵糊中空氣。將切片的柳橙加在表面上，以湯匙抹上材料 C。

6 放入 180℃ 烤箱裡烘烤 25 ～ 28 分鐘。烤好後，連同烤盤由較低位置往檯面上敲打，以防止蛋糕收縮。連同烤盤紙，由烤盤取出後，移往蛋糕冷卻架，大致冷卻，最後修飾時，以羅勒葉為裝飾。

南瓜戚風蛋糕

混入南瓜泥，
烤出顏色鮮豔的蛋糕，看起來好好吃。
使用肉桂粉，
換成小荳蔻或生薑粉也很美味。

材料 （21 × 17 × 3cm 烤盤一個份）

　南瓜泥（參照前置作業）⋯⋯ 100g
　蛋黃 ⋯⋯ 2 顆
A　植物油 ⋯⋯ 25g
　原味優格 ⋯⋯ 25g
　蔗糖 ⋯⋯ 75g
［蛋白霜］
　蛋白 ⋯⋯ 2 顆
　細白砂糖 ⋯⋯ 20g
　低筋麵粉 ⋯⋯ 75g
B　泡打粉 ⋯⋯ 1/2 小匙
　肉桂粉 ⋯⋯ 1/4 小匙
南瓜籽⋯⋯ 適量

前置作業

● 蛋白放入冰箱裡充分地冷卻後備用。
　連同使用的調理盆一起冷卻更好。
● 製作南瓜泥。
　南瓜約 200g，去除種籽與瓜囊，切成 4～5cm
　塊狀後微微地泡一下冷水。
　排入耐熱調理盤，覆蓋保鮮膜，微波加熱 3 分鐘左
　右，確實煮軟後去皮，以湯匙背搗成泥狀。秤出
　100g 後使用。
● 混合材料 B 後過篩。
● 烤盤鋪上劃好切口的烤盤紙（參照 p.10 圖）。
● 烤箱預熱至 180℃。

製作方法

1 材料 A 依序倒入調理盆後，立即以打蛋器充分地攪打，
　促使產生乳化效果。

2 製作蛋白霜。將冷卻的蛋白倒入另一個調理盆裡，一口
　氣加入記載分量的細白砂糖，以高速運轉的手持式電動
　攪拌器，打發至撈起時呈現堅挺的尖角狀態。

3 步驟 *1* 添加半量材料 B 後，垂直立起打蛋器，邊朝著
　攪拌的相反方向轉動調理盆，邊迅速地攪拌。添加半量
　步驟 *2*，打蛋器由調理盆底部撈起後翻拌，蛋白霜不需
　要完全攪拌均勻。

4 步驟 *3* 添加剩下的材料 B 後，換成橡皮刮刀，攪拌至
　微微地留下粉狀為止。添加剩下的步驟 *2*，由調理盆底
　部撈起後翻拌似地，確實攪拌均勻。

5 將步驟 *4* 的麵糊倒入烤盤裡，以橡皮刮刀抹平表面。
　此時，由中心劃上對角線狀線條，有助於麵糊平均受
　熱，烤出相同的鬆軟度。烤盤由較低位置往檯面上敲打
　3～4 次，排除麵糊中空氣。將南瓜籽撒在表面上。

6 放入 180℃烤箱裡烘烤 25 分鐘左右。烤好後，連同烤
　盤由較低位置往檯面上敲打，以防止蛋糕收縮。連同烤
　盤紙，由烤盤取出後，移往蛋糕冷卻架。

栗子戚風蛋糕

麵糊與配料都大量使用栗子，
澎湃用料與不會聯想到不含油脂成分的
濕潤口感也很吸引人，
以香濃蘭姆酒突顯美味。

材料 (21 × 17 × 3cm 烤盤一個份)

A
蛋黃 ⋯⋯ 2 顆
栗子醬（市售）⋯⋯ 100g
牛奶 ⋯⋯ 20g
蘭姆酒 ⋯⋯ 1 小匙

［蛋白霜］
蛋白 ⋯⋯ 2 顆
細白砂糖 ⋯⋯ 20g

B
低筋麵粉 ⋯⋯ 40g
泡打粉 ⋯⋯ 2/3 小匙

澀皮煮栗子 ※ ⋯⋯ 100g
糖粉 ⋯⋯ 適量

※ 註：澀皮煮栗子——去外殼，不去薄皮的糖煮栗子。

前置作業

● 蛋白放入冰箱裡充分地冷卻後備用。
　連同使用的調理盆一起冷卻更好。
● 將澀皮煮栗子切成 2～4 等份。
● 混合材料 B 後過篩。
● 烤盤鋪上劃好切口的烤盤紙（參照 p.10 圖）。
● 烤箱預熱至 180℃。

製作方法

1 材料 A 依序倒入調理盆後，立即以打蛋器充分地攪打，促使產生乳化效果。

2 製作蛋白霜。將冷卻的蛋白倒入另一個調理盆裡，一口氣加入記載分量的細白砂糖，以高速運轉的手持式電動攪拌器，打發至撈起時呈現堅挺的尖角狀態。

3 步驟 *1* 添加半量材料 B 後，垂直立起打蛋器，邊朝著攪拌的相反方向轉動調理盆，邊迅速地攪拌。添加半量步驟 *2*，打蛋器由調理盆底部撈起後翻拌，蛋白霜不需要完全攪拌均勻。

4 步驟 *3* 添加剩下的材料 B 後，換成橡皮刮刀，攪拌至微微地留下粉狀為止。添加剩下的步驟 *2*，由調理盆底部撈起後翻拌似地，確實攪拌均勻。添加 1/2 分量的澀皮煮栗子後，再攪拌均勻。

5 將步驟 *4* 的麵糊倒入烤盤裡，以橡皮刮刀抹平表面。此時，由中心劃上對角線狀綠條，有助於麵糊平均受熱，烤出相同的鬆軟度。烤盤由較低位置往檯面上敲打 3～4 次，排除麵糊中空氣。將剩下的澀皮煮栗子撒在表面上。

6 放入 180℃烤箱裡烘烤 25 分鐘左右。烤好後，連同烤盤由較低位置往檯面上敲打，以防止蛋糕收縮。連同烤盤紙，由烤盤取出後，移往蛋糕冷卻架。依喜好篩上糖粉。

摩卡咖啡戚風蛋糕

添加可可粉而呈現畫龍點睛效果，
更加地突顯咖啡風味，
完成入口回甘值得細細品味的戚風蛋糕，
充滿顆粒感的巧克力脆片，使蛋糕吃進嘴裡後顯得更
有層次。

材料 （21 × 17 × 3cm 烤盤一個份）

A
- 蛋黃 …… 2 顆
- 植物油 …… 30g
- 牛奶 …… 50g
- 蔗糖 …… 60g
- 即溶咖啡（粉） …… 1 大匙

［蛋白霜］
- 蛋白 …… 2 顆
- 細白砂糖 …… 20g

B
- 低筋麵粉 …… 70g
- 可可粉 …… 5g
- 泡打粉 …… 1/2 小匙

巧克力脆片 …… 40g

前置作業

- 蛋白放入冰箱裡充分地冷卻後備用。
  連同使用的調理盆一起冷卻更好。
- 混合材料 B 後過篩。
- 烤盤鋪上劃好切口的烤盤紙（參照 p.10 圖）。
- 烤箱預熱至 180℃。

製作方法

1 材料 A 依序倒入調理盆後，立即以打蛋器充分地攪打，促使產生乳化效果。

2 製作蛋白霜。將冷卻的蛋白倒入另一個調理盆裡，一口氣加入記載分量的細白砂糖，以高速運轉的手持式電動攪拌器，打發至撈起時呈現堅挺的尖角狀態。

3 步驟 1 添加半量材料 B 後，垂直立起打蛋器，邊朝著攪拌的相反方向轉動調理盆，邊迅速地攪拌。添加半量步驟 2，打蛋器由調理盆底部撈起後翻拌，蛋白霜不需要完全攪拌均勻。

4 步驟 3 添加剩下的材料 B 後，換成橡皮刮刀，攪拌至微微地留下粉狀為止。添加剩下的步驟 2，由調理盆底部撈起後翻拌似地確實攪拌均勻。添加 1/2 分量的巧克力脆片，再攪拌均勻。

5 將步驟 4 的麵糊倒入烤盤裡，以橡皮刮刀抹平表面。此時，由中心劃上對角線狀線條，有助於麵糊平均受熱，烤出相同的鬆軟度。烤盤由較低位置往檯面上敲打 3 ～ 4 次，排除麵糊中空氣。將剩下的巧克力脆片撒在表面上。

6 放入 180℃烤箱裡烘烤 25 分鐘左右。烤好後，連同烤盤由較低位置往檯面上敲打，以防止蛋糕收縮。連同烤盤紙，由烤盤取出後，移往蛋糕冷卻架。

Matcha & hojicha marble chiffon cake

抹茶焙茶戚風蛋糕

以加入麵糊中的焙茶與抹茶的三重使用最關鍵。
吃上一大口,像剛完成烘焙的茶葉一般,
濃郁香氣就在口中擴散開來。

材料(21×17×3cm 烤盤一個份)

A
- 蛋黃 ⋯⋯ 2 顆
- 植物油 ⋯⋯ 25g
- 牛奶 ⋯⋯ 40g
- 蔗糖 ⋯⋯ 45g

[蛋白霜]
- 蛋白 ⋯⋯ 2 顆
- 細白砂糖 ⋯⋯ 20g

B
- 低筋麵粉 ⋯⋯ 70g
- 泡打粉 ⋯⋯ 1/2 小匙
- 焙茶(茶包)⋯⋯ 1 袋

[抹茶醬]
- 抹茶 ⋯⋯ 2 小匙
- 細白砂糖 ⋯⋯ 15g
- 水 ⋯⋯ 15g

黑豆 ⋯⋯ 15 粒
抹茶 ⋯⋯ 適量

前置作業
- 蛋白放入冰箱裡充分地冷卻後備用。
  連同使用的調理盆一起冷卻更好。
- 黑豆以廚房紙巾擦乾水分。
- 材料 B 的低筋麵粉與泡打粉混合後過篩,
  由袋子裡取出茶葉後混合。
- 烤盤鋪上劃好切口的烤盤紙(參照 p.10 圖)。
- 烤箱預熱至 180℃。

a

製作方法

1 製作抹茶醬。將抹茶與細白砂糖倒入調理盆後,以打蛋器攪拌均勻。記載分量的水,分三次加入,每次加入都以打蛋器攪拌均勻(*a*)。

2 材料 A 依序倒入調理盆後,立即以打蛋器充分地攪打,促使產生乳化效果。

3 製作蛋白霜。將冷卻的蛋白倒入另一個調理盆裡,一口氣加入記載分量的細白砂糖,以高速運轉的手持式電動攪拌器,打發至撈起時呈現堅挺的尖角狀態。

4 步驟 2 添加半量材料 B 後,垂直立起打蛋器,邊朝著攪拌的相反方向轉動調理盆,邊迅速地攪拌。添加半量步驟 3,打蛋器由調理盆底部撈起後翻拌,蛋白霜不需要完全攪拌均勻。

5 步驟 4 添加剩下的材料 B 後,換成橡皮刮刀,攪拌至微微地留下粉狀為止。添加剩下的步驟 3,由調理盆底撈起後翻拌似地,確實攪拌均勻。留下少許步驟 *1*,利用湯匙杓取後,隨意地加在麵糊上。橡皮刮刀輕輕地攪拌 2～3 次,以便烤出大理石紋路。

6 將步驟 5 的麵糊倒入烤盤裡,以橡皮刮刀抹平表面。此時,由中心劃上對角線狀線條,有助於麵糊平均受熱,烤出相同的鬆軟度。烤盤由較低位置往檯面上敲打 3～4 次,排除麵糊中空氣。預留的步驟 1 以橡皮刮刀隨意地加在表面上,再以湯匙背微微地抹開(參照 p.21 · *a*、*b*)。將黑豆撒在表面上。

7 放入 180℃烤箱裡烘烤 23～25 分鐘。烤好後,連同烤盤由較低位置往檯面上敲打,以防止蛋糕收縮。連同烤盤紙,由烤盤取出後,移往蛋糕冷卻架,大致冷卻,最後修飾時,以濾茶器篩上抹茶。

砂糖醬油核桃戚風蛋糕

將味道香濃的砂糖醬油醬汁混入麵糊裡，
表面加上兩種類型的配料，
充滿日式風味的戚風蛋糕。
口感酥脆的核桃也成了重點。

材料（21×17×3cm 烤盤一個份）

A
- 蛋黃 …… 2 顆
- 砂糖醬油醬汁* …… 70g
- 植物油 …… 25g
- 水 …… 10g

［蛋白霜］
- 蛋白 …… 2 顆
- 細白砂糖 …… 20g

B
- 低筋麵粉 …… 70g
- 泡打粉 …… 1/2 小匙

胡桃（烤香）…… 30g＋20g

［砂糖醬油醬汁＊］
- 水 …… 50g
- 砂糖 …… 40g
- 醬油 …… 2 小匙
- 蜂蜜 …… 1 小匙
- 太白粉 …… 1/2 大匙

前置作業

● 蛋白放入冰箱裡充分地冷卻後備用。
連同使用的調理盆一起冷卻更好。
● 核桃 30g 切碎。
● 混合材料 B 後過篩。
● 烤盤鋪上劃好切口的烤盤紙（參照 p.10 圖）。
● 烤箱預熱至 180℃。

a

製作方法

1 製作砂糖醬油醬汁。將砂糖醬油醬汁材料倒入耐熱容器裡，以橡皮刮刀攪拌均勻。微波加熱約 50 秒後攪拌均勻，再加熱 40 秒左右後，再攪拌均勻（*a*）。秤出 70g，於材料 A 調配麵糊時使用，剩下的取出備用。

2 材料 A 依序倒入調理盆後，立即以打蛋器充分地攪打，促使產生乳化效果。

3 製作蛋白霜。將冷卻的蛋白倒入另一個調理盆裡，一口氣加入記載分量的細白砂糖，以高速運轉的手持式電動攪拌器，打發至撈起時呈現堅挺的尖角狀態。

4 步驟 2 添加半量材料 B 後，垂直立起打蛋器，邊朝著攪拌的相反方向轉動調理盆，邊迅速地攪拌。添加半量步驟 3，打蛋器由調理盆底部撈起後翻拌，蛋白霜不需要完全攪拌均勻。

5 步驟 4 添加剩下的材料 B 後，換成橡皮刮刀，攪拌至微微地留下粉狀為止。添加剩下的步驟 3，由調理盆底撈起後翻拌似地，確實攪拌均勻。添加切碎的核桃後攪拌均勻。

6 將步驟 5 的麵糊倒入烤盤裡，以橡皮刮刀抹平表面。此時，由中心劃上對角線狀線條，有助於麵糊平均受熱，烤出相同的鬆軟度。烤盤由較低位置往檯面上敲打 3～4 次，排除麵糊中空氣。由對角線將蛋糕分成兩部分，其中一半以橡皮刮刀隨意加上剩下的步驟 1，再以湯匙背大致抹開（參照 p.21・*a*、*b*）。另一半撒上 20g 核桃，邊剝碎、邊撒上吧！

7 放入 180℃ 烤箱裡烘烤 25 分鐘左右。烤好後，連同烤盤由較低位置往檯面上敲打，以防止蛋糕收縮。連同烤盤紙，由烤盤取出後，移往蛋糕冷卻架。

花生味噌戚風蛋糕

令人懷念的花生味噌味道在口中擴散開來，
少量添加就散發濃濃日式風味的白味噌味道感覺好療癒。
粒粒飽滿的黑芝麻也存在感十足，成了調味重點。

材料（21 × 17 × 3cm 烤盤一個份）

	蛋黃 ⋯⋯ 2 顆
	白味噌 ⋯⋯ 20g
	花生醬 ⋯⋯ 30g
A	植物油 ⋯⋯ 20g
	蜂蜜 ⋯⋯ 20g
	牛奶 ⋯⋯ 40g
	蔗糖 ⋯⋯ 20g

［蛋白霜］
蛋白 ⋯⋯ 2 顆
細白砂糖 ⋯⋯ 20g

B	低筋麵粉 ⋯⋯ 70g
	泡打粉 ⋯⋯ 1/2 小匙

炒過的黑芝麻 ⋯⋯ 適量

前置作業

● 蛋白放入冰箱裡充分地冷卻後備用。
　連同使用的調理盆一起冷卻更好。
● 混合材料 B 後過篩。
● 烤盤鋪上劃切切口的烤盤紙（參照 p.10 圖）。
● 烤箱預熱至 180℃。

製作方法

1　材料 A 依序倒入調理盆後，立即以打蛋器充分地攪打，促使產生乳化效果。

2　製作蛋白霜。將冷卻的蛋白倒入另一個調理盆裡，一口氣加入記載分量的細白砂糖，以高速運轉的手持式電動攪拌器，打發至撈起時呈現堅挺的尖角狀態。

3　步驟 1 添加半量材料 B 後，垂直立起打蛋器，邊朝著攪拌的相反方向轉動調理盆，邊迅速地攪拌。添加半量步驟 2，打蛋器由調理盆底部撈起後翻拌，蛋白霜不需要完全攪拌均勻。

4　步驟 3 添加剩下的材料 B 後，換成橡皮刮刀，攪拌至微微地留下粉狀為止。添加剩下的步驟 2，由調理盆底部撈起後翻拌似地，確實攪拌均勻。

5　將步驟 4 的麵糊倒入烤盤裡，以橡皮刮刀抹平表面。此時，由中心劃上對角線狀線條，有助於麵糊平均受熱，烤出相同的鬆軟度。烤盤由較低位置往檯面上敲打 3 ～ 4 次，排除麵糊中空氣。將黑芝麻撒在表面上。

6　放入 180℃ 烤箱裡烘烤 25 分鐘左右。烤好後，連同烤盤由較低位置往檯面上敲打，以防止蛋糕收縮。連同烤盤紙，由烤盤取出後，移往蛋糕冷卻架。

日本酒甘納豆戚風蛋糕

麵糊添加風味絕佳的日本酒，
完成更蓬鬆濕潤又富有彈性的戚風蛋糕。
與充滿溫暖感覺的甘納豆甜味的搭配性也絕妙無比。

材料 (21 × 17 × 3cm 烤盤一個份)

A
| 蛋黃 ⋯⋯ 2 顆
| 植物油 ⋯⋯ 25g
| 日本酒 ⋯⋯ 40g
| 蔗糖 ⋯⋯ 40g

［蛋白霜］
| 蛋白 ⋯⋯ 2 顆
| 細白砂糖 ⋯⋯ 20g

B
| 低筋麵粉 ⋯⋯ 75g
| 泡打粉 ⋯⋯ 1/2 小匙

甘納豆 ⋯⋯ 50g
日本酒 ⋯⋯ 1 大匙

前 置 作 業

● 蛋白放入冰箱裡充分地冷卻後備用。
  連同使用的調理盆一起冷卻更好。
● 混合材料 B 後過篩。
● 烤盤鋪上劃好切口的烤盤紙（參照 p.10 圖）。
● 烤箱預熱至 180℃。

製 作 方 法

1 材料 A 依序倒入調理盆後，立即以打蛋器充分地攪打，
促使產生乳化效果。

2 製作蛋白霜。將冷卻的蛋白倒入另一個調理盆裡，一口
氣加入記載分量的細白砂糖，以高速運轉的手持式電動
攪拌器，打發至撈起時呈現堅挺的尖角狀態。

3 步驟 *1* 添加半量材料 B 後，垂直立起打蛋器，邊朝著
攪拌的相反方向轉動調理盆，邊迅速地攪拌。添加半量
步驟 *2*，打蛋器由調理盆底部撈起後翻拌，蛋白霜不需
要完全攪拌均勻。

4 步驟 *3* 添加剩下的材料 B 後，換成橡皮刮刀，攪拌至
微微地留下粉狀為止。添加剩下的步驟 *2*，由調理盆底
部撈起後翻拌似地，確實攪拌均勻。添加 1/2 分量的甘
納豆後，再攪拌均勻。

5 將步驟 *4* 的麵糊倒入烤盤裡，以橡皮刮刀抹平表面。
此時，由中心劃上對角線狀線條，有助於麵糊平均受
熱，烤出相同的鬆軟度。烤盤由較低位置往檯面上敲打
3 ～ 4 次，排除麵糊中空氣。將剩下的甘納豆加在表面
上。

6 放入 180℃烤箱裡烘烤 23 ～ 25 分鐘。烤好後，連同烤
盤由較低位置往檯面上敲打，以防止蛋糕收縮。連同烤
盤紙，由烤盤取出後，移往蛋糕冷卻架。利用毛刷，趁
熱將日本酒刷在麵糊表面上。

Upside Down

chapter 2

翻轉蛋糕

以烤盤烤好蛋糕後，整個翻轉過來，
底面變成表面的蛋糕就是「翻轉蛋糕」。
大量吸入水果等美味多汁的素材味道，
完成滋味濃醇、質地綿密、口感濕潤的蛋糕。
底面緊密鋪上香蕉、蘋果、洋梨等等時，翻轉蛋糕更是樂趣無窮。

Orange upside down cake
Caramel pear chiffon cake
White chocolate cranberry chiffon cake
Pineapple cornmeal chiffon cake
Florentines
"Tarte tatin" style banana chiffon cake
Savarin style chiffon cake
Apple maple chiffon cake
Crème brûlée chiffon cake
Adzuki beans & kinako chiffon cake

>>

How to make
「Orange upside down cake」

柳橙翻轉蛋糕

大量使用美味多汁的柳橙，
看起來相當綿密潤口的戚風蛋糕。
以翻轉蛋糕特有的華麗感最富魅力。
橙皮果醬添加植物油而呈現出漂亮光澤。

（完成圖 p.55）

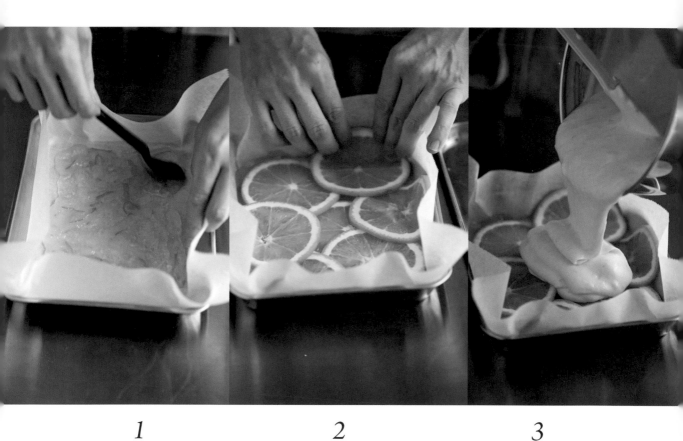

1

橙皮果醬與植物油混合後，抹在烤盤底部。烤好蛋糕後，輕易地就能撕下烤盤紙。

2

切片的柳橙緊密地鋪在步驟 *1* 上。

3

將戚風蛋糕麵糊倒在步驟 *2* 上，以橡皮刮刀抹平表面。此時，由中心劃上對角線狀線條，有助於麵糊平均受熱，烤出相同的鬆軟度。烤盤由 10cm 左右的較低位置往檯面上敲打 3～4 次，排除麵糊中空氣。

材料（21 × 17 × 3cm 烤盤一個份）

柳橙 …… 1 顆
橙皮果醬 …… 50g
植物油 …… 1 小匙
戚風蛋糕麵糊（參照 p.10 ～ p.11 · 1 ～ 5。
　　利用以下材料，以相同要領完成製作）…… 1 個
　　蛋黃 …… 2 顆
　　植物油 …… 25g
A　柳橙汁 …… 60g
　　橙皮果醬 …… 30g
　　細白砂糖 …… 30g
　　橙皮（磨成泥）…… 1/2 顆份

[蛋白霜]
　　蛋白 …… 2 顆
　　細白砂糖 …… 20g
　　低筋麵粉 …… 75g
B　泡打粉
　　…… 1/2 小匙

前 置 作 業

● 蛋白放入冰箱裡充分地冷卻後備用。
　連同使用的調理盆一起冷卻更好。
● 柳橙切成厚 4mm 片狀。
● 混合材料 B 後過篩。
● 烤盤鋪上劃好切口的烤盤紙
　（參照 p.10 圖）。
● 烤箱預熱至 180℃。

4

放入 180℃ 烤箱裡烘烤 25 分鐘左
右。烤好後，連同烤盤由 10cm 左
右的較低位置往檯面上敲打，以防
止蛋糕收縮。連同烤盤移往蛋糕冷
卻架，靜置 10 分鐘左右。

5

蓋上盤子等，翻面後拿掉烤盤。

6

小心地、輕輕地將烤盤紙撕掉。

焦糖洋梨戚風蛋糕

能夠彼此突顯優點的洋梨與焦糖，
組合這兩種食材，
將洋梨風味表現得更淋漓盡致。
緊密地並排洋梨，完成的蛋糕更漂亮。

材料 （21×17×3cm 烤盤一個份）

洋梨（罐頭、對切）…… 5 個

[焦糖醬]
　水 …… 20g
　細白砂糖 …… 60g
　熱水 …… 15g
植物油 …… 1 小匙

A
　蛋黃 …… 2 顆
　植物油 …… 25g
　洋梨利口酒 …… 1 大匙
　水 …… 15g
　（無洋梨利口酒時，水的分量為 25g）
　細白砂糖 …… 40g

[蛋白霜]
　蛋白 …… 2 顆
　細白砂糖 …… 20g

B
　低筋麵粉 …… 70g
　泡打粉 …… 1/2 小匙
杏桃果醬 …… 2 大匙
檸檬汁 …… 1 小匙

前置作業

● 蛋白放入冰箱裡充分地冷卻後備用。
　連同使用的調理盆一起冷卻更好。
● 洋梨切成厚 2mm 片狀後，
　以廚房紙巾確實地擦乾水分。
● 混合材料 B 後過篩。
● 烤盤鋪上劃好切口的烤盤紙（參照 p.10 圖）。
● 烤箱預熱至 180℃。

製作方法

1　製作焦糖醬。將記載分量的水與細白砂糖倒入鍋裡，以中火加熱，邊繞鍋溶解細白砂糖，邊熬煮成淺茶色焦糖醬。小泡泡轉變成大泡泡後熄火，少量多次添加記載分量的熱水，晃鍋促使焦糖溶解後，倒入烤盤裡。

2　步驟 1 添加植物油後，以湯匙邊攪拌邊抹開（*a*）。植物油呈現分離狀態或無法塗抹整體也無妨。切面朝上，由烤盤中央開始，緊密地排放洋梨（*b*）（*c*）。

3　製作戚風蛋糕麵糊。材料 A 依序倒入調理盆後，立即以打蛋器充分地攪打，促使產生乳化效果。

4　製作蛋白霜。將冷卻的蛋白倒入另一個調理盆裡，一口氣加入記載分量的細白砂糖，以高速運轉的手持式電動攪拌器，打發至撈起時呈現堅挺的尖角狀態。

5　步驟 3 添加半量材料 B 後，垂直立起打蛋器，邊朝著攪拌的相反方向轉動調理盆，邊迅速地攪拌。添加半量步驟 4，打蛋器由調理盆底部撈起後翻拌，蛋白霜不需要完全攪拌均勻。

6　步驟 5 添加剩下的材料 B 後，換成橡皮刮刀，攪拌至微微地留下粉狀為止。添加剩下的步驟 4，由調理盆底撈起後翻拌似地，確實攪拌均勻。

7　將步驟 6 的麵糊倒入步驟 2 的烤盤裡，以橡皮刮刀抹平表面。此時，由中心劃上對角線狀線條，有助於麵糊平均受熱，烤出相同的鬆軟度。烤盤由較低位置往檯面上敲打 3～4 次，排除麵糊中空氣。

8　放入 180℃ 烤箱裡烘烤 30 分鐘左右。烤好後，連同烤盤由較低位置往檯面上敲打，以防止蛋糕收縮。連同烤盤移往蛋糕冷卻架，靜置 10 分鐘左右。蓋上盤子等，翻面後拿掉烤盤，輕輕地撕掉烤盤紙。

9　將杏桃果醬與檸檬汁倒入耐熱容器裡，攪拌均勻後，微波加熱 30 秒左右。利用毛刷，刷在步驟 8 的表面上。

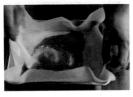
a

b

c

白巧克力蔓越莓戚風蛋糕

撒上開心果等色彩繽紛的配料，
像珠寶盒般華麗無比的戚風蛋糕。
吸入蔓越莓的櫻桃酒成為融合味道的大功臣。

材料 (21 × 17 × 3cm 烤盤一個份)

蔓越莓乾 …… 30g
櫻桃酒 …… 1 大匙
開心果 …… 30g
片狀巧克力（白）…… 30g

A
- 蛋黃 …… 2 顆
- 植物油 …… 25g
- 水 ……30g
- 細白砂糖 …… 40g
- 香草油 …… 少許

[蛋白霜]
- 蛋白 …… 2 顆
- 細白砂糖 …… 20g

B
- 低筋麵粉 …… 70g
- 泡打粉 …… 1/2 小匙

前置作業

- 蛋白放入冰箱裡充分地冷卻後備用。
  連同使用的調理盆一起冷卻更好。
- 蔓越莓乾微微地泡一下熱水後，確實地擦乾水分。
  切粗粒後，浸泡櫻桃酒 5 分鐘左右。
- 開心果切粗粒。
- 片狀巧克力用手剝成碎片。
- 混合材料 B 後過篩。
- 烤盤鋪上劃好切口的烤盤紙（參照 p.10 圖）。
- 烤箱預熱至 180℃。

製作方法

1　將開心果與蔓越莓（連同浸泡汁液）倒入烤盤裡，隨意地撒上剝碎的片狀巧克力（*a*）。

2　製作戚風蛋糕麵糊。材料 A 依序倒入調理盆後，立即以打蛋器充分地攪打，促使產生乳化效果。

3　製作蛋白霜。將冷卻的蛋白倒入另一個調理盆裡，一口氣加入記載分量的細白砂糖，以高速運轉的手持式電動攪拌器，打發至撈起時呈現堅挺的尖角狀態。

4　步驟 2 添加半量材料 B 後，垂直立起打蛋器，邊朝著攪拌的相反方向轉動調理盆，邊迅速地攪拌。添加半量步驟 3，打蛋器由調理盆底部撈起後翻拌，蛋白霜不需要完全攪拌均勻。

5　步驟 4 添加剩下的材料 B 後，換成橡皮刮刀，攪拌至微微地留下粉狀為止。添加剩下的步驟 3，由調理盆底撈起後翻拌似地，確實攪拌均勻。

6　將步驟 5 的麵糊倒入步驟 1，以橡皮刮刀抹平表面。此時，由中心劃上對角線狀線條，有助於麵糊平均受熱，烤出相同的鬆軟度。烤盤由較低位置往檯面上敲打 3 ～ 4 次，排除麵糊中空氣。

7　放入 180℃ 烤箱裡烘烤 23 ～ 25 分鐘。烤好後，連同烤盤由較低位置往檯面上敲打，以防止蛋糕收縮。連同烤盤紙，由烤盤取出後，移往蛋糕冷卻架，靜置 10 分鐘左右。蓋上盤子等，翻面後拿掉烤盤，輕輕地撕掉烤盤紙。

a

鳳梨粗玉米粉戚風蛋糕

粗玉米粉的彈牙顆粒感，
迷迭香的香濃味道，
大人口味也很吸引人。
鳳梨與覆盆莓構成漂亮的圖案。

材料（21 × 17 × 3cm 烤盤一個份）

鳳梨（罐頭）…… 7 片
覆盆莓（生鮮或冷凍）…… 20g

A
| 蛋黃 …… 2 顆
| 植物油 …… 25g
| 鳳梨罐頭的湯汁 …… 40g
| 細白砂糖 …… 30g

粗玉米粉 …… 40g

［蛋白霜］
　蛋白 …… 2 顆
　細白砂糖 …… 20g

B
| 低筋麵粉 …… 40g
| 泡打粉 …… 1/2 小匙

迷迭香 …… 1 小枝

前置作業

● 蛋白放入冰箱裡充分地冷卻後備用。
　連同使用的調理盆一起冷卻更好。
● 鳳梨以廚房紙巾夾住後，輕輕地擠乾水分。
● 迷迭香葉片切碎。
● 混合材料 B 後過篩。
● 烤盤鋪上劃好切口的烤盤紙（參照 p.10 圖）。
● 烤箱預熱至 180℃。

a

製作方法

1　將鳳梨排入烤盤裡，邊用手鬆開覆盆莓（冷凍覆盆莓直接使用），邊撒在鳳梨的孔洞與整體（*a*）。

2　製作戚風蛋糕麵糊。材料 A 依序倒入調理盆後，立即以打蛋器充分地攪打，促使產生乳化效果。添加粗玉米粉後充分地攪拌。

3　製作蛋白霜。將冷卻的蛋白倒入另一個調理盆裡，一口氣加入記載分量的細白砂糖，以高速運轉的手持式電動攪拌器，打發至撈起時呈現堅挺的尖角狀態。

4　步驟 2 添加半量材料 B 後，垂直立起打蛋器，邊朝著攪拌的相反方向轉動調理盆，邊迅速地攪拌。添加半量步驟 3，打蛋器由調理盆底部撈起後翻拌，蛋白霜不需要完全攪拌均勻。

5　步驟 4 添加剩下的材料 B 後，換成橡皮刮刀，攪拌至微微地留下粉狀為止。添加剩下的步驟 3，由調理盆底撈起後翻拌似地，確實攪拌均勻。加入迷迭香葉後攪拌。

6　將步驟 5 的麵糊倒入步驟 1，以橡皮刮刀抹平表面。此時，由中心劃上對角線狀線條，有助於麵糊平均受熱，烤出相同的鬆軟度。烤盤由較低位置往檯面上敲打 3 ～ 4 次，排除麵糊中空氣。

7　放入 180℃烤箱裡烘烤 23 ～ 25 分鐘。烤好後，連同烤盤由較低位置往檯面上敲打，以防止蛋糕收縮。連同烤盤紙，由烤盤取出後，移往蛋糕冷卻架，大致地冷卻。蓋上盤子等，翻面後拿掉烤盤，輕輕地撕掉烤盤紙。

法式焦糖杏仁戚風蛋糕

運用翻轉蛋糕製作技巧，
以微微散發著柳橙香氣的戚風蛋糕麵糊，
完成原本以餅乾麵糊製作的法國傳統甜點。
杏仁越嚼越香，美味無比的蛋糕。

材料 (21 × 17 × 3cm 烤盤一個份)

[阿帕雷蛋奶醬]
水 …… 50g
細白砂糖 …… 50g
蜂蜜 …… 50g
鮮奶油 …… 50g
植物油 …… 1 小匙
杏仁片 …… 50g

A
蛋黃 …… 2 顆
植物油 …… 25g
水 …… 30g
細白砂糖 …… 40g
橙皮（磨成泥）…… 1/2 顆

[蛋白霜]
蛋白 …… 2 顆
細白砂糖 …… 20g

B
低筋麵粉 …… 70g
泡打粉 …… 1/2 小匙

前置作業

● 蛋白放入冰箱裡充分地冷卻後備用。
　連同使用的調理盆一起冷卻更好。
● 杏仁片倒入平底鍋裡以小火拌炒出香氣。
● 混合材料 B 後過篩。
● 烤盤鋪上劃好切口的烤盤紙（參照 p.10 圖）。
● 烤箱預熱至 180℃。

製作方法

1　製作阿帕雷蛋奶醬。將記載分量的水、細白砂糖、蜂蜜倒入鍋裡，以中火加熱 5 分鐘左右，邊繞鍋溶解細白砂糖，邊熬煮成一半分量。小泡泡轉變成大泡泡後熄火，一口氣加入記載分量的鮮奶油後攪拌（*a*）。以小火加熱，以木鍋鏟邊攪拌、邊熬煮 1 分鐘左右後離火，添加植物油後攪拌均勻（*b*）。添加杏仁片後確實地拌上蛋奶醬（*c*），倒入烤盤後，趁熱均勻地鋪在烤盤裡（*d*）。

2　製作戚風蛋糕麵糊。材料 A 依序倒入調理盆後，立即以打蛋器充分地攪打，促使產生乳化效果。

3　製作蛋白霜。將冷卻的蛋白倒入另一個調理盆裡，一口氣加入記載分量的細白砂糖，以高速運轉的手持式電動攪拌器，打發至撈起時呈現堅挺的尖角狀態。

4　步驟 2 添加半量材料 B 後，垂直立起打蛋器，邊朝著攪拌的相反方向轉動調理盆，邊迅速地攪拌。添加半量步驟 3，打蛋器由調理盆底部撈起後翻拌，蛋白霜不需要完全攪拌均勻。

5　步驟 4 添加剩下的材料 B 後，換成橡皮刮刀，攪拌至微微地留下粉狀為止。添加剩下的步驟 3，由調理盆底撈起後翻拌似地，確實攪拌均勻。

6　將步驟 5 的麵糊倒入步驟 1，以橡皮刮刀抹平表面。此時，由中心劃上對角線狀線條，有助於麵糊平均受熱，烤出相同的鬆軟度。烤盤由較低位置往檯面上敲打 3 ～ 4 次，排除麵糊中空氣。

7　放入 180℃烤箱裡烘烤 25 分鐘左右。烤好後，連同烤盤由較低位置往檯面上敲打，以防止蛋糕收縮。連同烤盤紙，由烤盤取出後，移往蛋糕冷卻架，大致冷卻。蓋上盤子等，翻面後拿掉烤盤，輕輕地撕掉烤盤紙。

a

b

c

d

翻轉蘋果塔風
香蕉戚風蛋糕

香蕉以焦糖煎過後風味倍增，
還可享受融合著香蕉與蛋糕的美好口感。
烘烤過度易崩裂，需留意！

材料（21 × 17 × 3cm 烤盤一個份）

[焦糖煎香蕉]

　水 ⋯⋯ 20g

　細白砂糖 ⋯⋯ 60g

　香蕉 ⋯⋯ 大 3 根（淨重 400g）

　蘭姆酒 ⋯⋯ 1 大匙

　　蛋黃 ⋯⋯ 2 顆

　　植物油 ⋯⋯ 25g

A　水 ⋯⋯ 25g

　　蔗糖 ⋯⋯ 45g

　　香草油 ⋯⋯ 少許

[蛋白霜]

　蛋白 ⋯⋯ 2 顆

　細白砂糖 ⋯⋯ 20g

　　低筋麵粉 ⋯⋯ 70g

B　泡打粉 ⋯⋯ 1/2 小匙

　　肉桂粉 ⋯⋯ 1/3 小匙

前置作業

● 蛋白放入冰箱裡充分地冷卻後備用。
　連同使用的調理盆一起冷卻更好。

● 香蕉去皮後縱向對切。

● 混合材料 B 後過篩。

● 烤盤鋪上劃好切口的烤盤紙（參照 p.10 圖）。

● 烤箱預熱至 180℃。

製作方法

1 製作焦糖煎香蕉。將記載分量的水與細白砂糖倒入平底鍋，以中火加熱，邊繞鍋溶解砂糖，邊熬煮成淺茶色焦糖醬。小泡泡轉變成大泡泡後熄火，加入香蕉（ *a* ）。添加蘭姆酒，邊上下翻動香蕉，邊以大火煮 2 ～ 3 分鐘，使香蕉裹上酒香焦糖（ *b* ）。取出後裝入盤裡，微微地冷卻後，排入烤盤裡，沿著烤盤邊緣淋入剩下的煮汁後冷卻（ *c* ）。

2 製作戚風蛋糕麵糊。材料 A 依**序**倒入調理盆後，立即以打蛋器充分地攪打，促使產生乳化效果。

3 製作蛋白霜。將冷卻的蛋白倒入另一個調理盆裡，一口氣加入記載分量的細白砂糖，以高速運轉的手持式電動攪拌器，打發至撈起時呈現堅挺的尖角狀態。

4 步驟 2 添加半量材料 B 後，垂直立起打蛋器，邊朝著攪拌的相反方向轉動調理盆，邊迅速地攪拌。添加半量步驟 3，打蛋器由調理盆底部撈起後翻拌，蛋白霜不需要完全攪拌均勻。

5 步驟 4 添加剩下的材料 B 後，換成橡皮刮刀，攪拌至微微地留下粉狀為止。添加剩下的步驟 3，由調理盆底撈起後翻拌似地，確實攪拌均勻。

6 將步驟 5 的麵糊倒入步驟 1，以橡皮刮刀抹平表面。此時，由中心畫上對角線狀線條，有助於麵糊平均受熱，烤出相同的鬆軟度。烤盤由較低位置往檯面上敲打 3 ～ 4 次，排除麵糊中空氣。

7 放入 180℃ 烤箱裡烘烤 30 分鐘。烤好後，連同烤盤由較低位置往檯面上敲打，以防止蛋糕收縮。連同烤盤移往蛋糕冷卻架，靜置 10 分鐘左右。蓋上盤子等，翻面後拿掉烤盤，輕輕地撕掉烤盤紙。

a　　　　　　　　　　　　*b*

c

薩瓦蘭風戚風蛋糕

法國傳統甜點濕潤口感的完美重現。
添加蘭姆葡萄乾的麵糊，大量吸入蘭姆糖漿，
再以覆面增添光澤。

材料 （21 × 17 × 3cm 烤盤一個份）

葡萄乾 …… 80g
蘭姆酒 …… 2 大匙

A
| 蛋黃 …… 2 顆
| 植物油 …… 25g
| 水 …… 35g
| 蔗糖 …… 40g

[蛋白霜]

蛋白 …… 2 顆
細白砂糖 …… 20g

B
| 低筋麵粉 …… 70g
| 泡打粉 …… 1/2 小匙

[蘭姆糖漿]

水 …… 60g
蔗糖 …… 20g
蘭姆酒 …… 1/2 大匙

[覆面]

杏桃果醬 …… 50g
水 …… 20g

前置作業

● 蛋白放入冰箱裡充分地冷卻後備用。
  連同使用的調理盆一起冷卻更好。
● 葡萄乾微微地泡一下熱水後，
  擦乾水分，灑上蘭姆酒。
● 將蘭姆糖漿材料倒入耐熱容器裡，
  微波加熱 1 分鐘左右。
● 混合材料 B 後過篩。
● 烤盤鋪上劃好切口的烤盤紙（參照 p.10 圖）。
● 烤箱預熱至 180℃。

製作方法

1. 製作戚風蛋糕麵糊。材料 A 依序倒入調理盆後，立即以打蛋器充分地攪打，促使產生乳化效果。葡萄乾連同浸泡的蘭姆酒一起加入後攪拌均勻。

2. 製作蛋白霜。將冷卻的蛋白倒入另一個調理盆裡，一口氣加入記載分量的細白砂糖，以高速運轉的手持式電動攪拌器，打發至撈起時呈現堅挺的尖角狀態。

3. 步驟 1 添加半量材料 B 後，垂直立起打蛋器，邊朝著攪拌的相反方向轉動調理盆，邊迅速地攪拌。添加半量步驟 2，打蛋器由調理盆底部撈起後翻拌，蛋白霜不需要完全攪拌均勻。

4. 步驟 3 添加剩下的材料 B 後，換成橡皮刮刀，攪拌至微微地留下粉狀為止。添加剩下的步驟 2，由調理盆底部撈起後翻拌似地，確實攪拌均勻。

5. 將步驟 4 的麵糊倒入烤盤裡，以橡皮刮刀抹平表面。此時，由中心劃上對角線狀線條，有助於麵糊平均受熱，烤出相同的鬆軟度。烤盤由較低位置往檯面上敲打 3 ~ 4 次，排除麵糊中空氣。

6. 放入 180℃ 烤箱裡烘烤 23 ~ 25 分鐘。烤好後，連同烤盤紙，由烤盤取出後，以毛刷沾取糖漿，刷在表面。移往蛋糕冷卻架，靜置 5 分鐘左右。蓋上盤子等，翻面後拿掉烤盤，輕輕地撕掉烤盤紙。依喜好淋上蘭姆糖漿。

7. 將覆面材料倒入耐熱容器裡，微波加熱 50 秒左右後，利用毛刷，趁熱刷在步驟 6 的表面上（a）。

a

楓糖蘋果戚風蛋糕

連皮輪切成薄片的蘋果表情最可愛。
蘋果未乾煎，直接與麵糊一起烤熟，
因此散發著新鮮蘋果風味。
視覺上也賞心悅目，女性聚會時一定會喜歡。

材料（21 × 17 × 3cm 烤盤一個份）

蘋果 ⋯⋯ 1/2 個（淨重 100g）

檸檬汁 ⋯⋯ 2 小匙

楓糖漿 ⋯⋯ 40g

A ｜
蛋黃 ⋯⋯ 2 顆
植物油 ⋯⋯ 25g
水 ⋯⋯ 25g
蔗糖 ⋯⋯ 40g
香草油 ⋯⋯ 少許

〔蛋白霜〕
蛋白 ⋯⋯ 2 顆
細白砂糖 ⋯⋯ 20g

B ｜
低筋麵粉 ⋯⋯ 70g
泡打粉 ⋯⋯ 1/2 小匙
肉桂粉 ⋯⋯ 1/3 小匙

前置作業

● 蛋白放入冰箱裡充分地冷卻後備用。
　連同使用的調理盆一起冷卻更好。
● 蘋果連皮輪切成厚 3mm 片狀，去除種籽。
　撒上檸檬汁以避免氧化變色，靜置 5 分鐘左右後，
　以廚房紙巾擦乾水分。
● 混合材料 B 後過篩。
● 烤盤鋪上劃好切口的烤盤紙（參照 p.10 圖）。
● 烤箱預熱至 180℃。

a

b

製作方法

1 　將楓糖漿倒入烤盤裡，抹開後由烤盤中央開始排入蘋果（*a*）（*b*）。

2 　製作戚風蛋糕麵糊。材料 A 依序倒入調理盆後，立即以打蛋器充分地攪打，促使產生乳化效果。

3 　製作蛋白霜。將冷卻的蛋白倒入另一個調理盆裡，一口氣加入記載分量的細白砂糖，以高速運轉的手持式電動攪拌器，打發至撈起時呈現堅挺的尖角狀態。

4 　步驟 2 添加半量材料 B 後，垂直立起打蛋器，邊朝著攪拌的相反方向轉動調理盆，邊迅速地攪拌。添加半量步驟 3，打蛋器由調理盆底部撈起後翻拌，蛋白霜不需要完全攪拌均勻。

5 　步驟 4 添加剩下的材料 B 後，換成橡皮刮刀，攪拌至微微地留下粉狀為止。添加剩下的步驟 3，由調理盆底撈起後翻拌似地，確實攪拌均勻。

6 　將步驟 5 的麵糊倒入步驟 1，以橡皮刮刀抹平表面。此時，由中心劃上對角線狀線條，有助於麵糊平均受熱，烤出相同的鬆軟度。烤盤由較低位置往檯面上敲打 3 ～ 4 次，排除麵糊中空氣。

7 　放入 180℃烤箱裡烘烤 30 分鐘左右。烤好後，連同烤盤由較低位置往檯面上敲打，以防止蛋糕收縮。連同烤盤移往蛋糕冷卻架，靜置 10 分鐘左右。蓋上盤子等，翻面後拿掉烤盤，輕輕地撕掉烤盤紙。依喜好淋上楓糖漿（分量外）。

烤布蕾戚風蛋糕

添加蛋黃與鮮奶油，材料豐富的蛋糕上，
大量吸入焦糖醬。
調好醬汁，就能輕易地完成的超簡單食譜。

材料 （21 × 17 × 3cm 烤盤一個份）

［焦糖醬］
　水 …… 20g
　細白砂糖 …… 60g
　熱水 …… 15g
植物油 …… 1 小匙

A
| 蛋黃 …… 3 個分
| 鮮奶油 …… 60g
| 水 …… 1 小匙
| 細白砂糖 …… 50g
| 香草油 …… 少許

［蛋白霜］
　蛋白 …… 2 顆
　細白砂糖 …… 20g

B
| 低筋麵粉 …… 65g
| 泡打粉 …… 1/2 小匙

前置作業
- 蛋白放入冰箱裡充分地冷卻後備用。
  連同使用的調理盆一起冷卻更好。
- 混合材料 B 後過篩。
- 烤盤鋪上劃好切口的烤盤紙（參照 p.10 圖）。
- 烤箱預熱至 180℃。

製作方法

1　製作焦糖醬。將記載分量的水與細白砂糖倒入鍋裡，以中火加熱，邊繞鍋溶解細白砂糖，邊熬煮成淺茶色焦糖醬。小泡泡轉變成大泡泡後熄火，少量多次添加記載分量的熱水，晃鍋促使焦糖溶解後，倒入烤盤裡。

2　步驟 1 添加植物油後，以湯匙邊攪拌邊抹開（參照 p.59・a）。植物油呈現分離狀態或無法塗抹整體也無妨。

3　製作戚風蛋糕麵糊。材料 A 依序倒入調理盆後，立即以打蛋器充分地攪打，促使產生乳化效果。

4　製作蛋白霜。將冷卻的蛋白倒入另一個調理盆裡，一口氣加入記載分量的細白砂糖，以高速運轉的手持式電動攪拌器，打發至撈起時呈現堅挺的尖角狀態。

5　步驟 3 添加半量材料 B 後，垂直立起打蛋器，邊朝著攪拌的相反方向轉動調理盆，邊迅速地攪拌。添加半量步驟 4，打蛋器由調理盆底部撈起後翻拌，蛋白霜不需要完全攪拌均勻。

6　步驟 5 添加剩下的材料 B 後，換成橡皮刮刀，攪拌至微微地留下粉狀為止。添加剩下的步驟 4，由調理盆底撈起後翻拌似地，確實攪拌均勻。

7　將步驟 6 的麵糊倒入步驟 2 的烤盤裡，以橡皮刮刀抹平表面。此時，由中心劃上對角線狀線條，有助於麵糊平均受熱，烤出相同的鬆軟度。烤盤由較低位置往檯面上敲打 3 ～ 4 次，排除麵糊中空氣。

8　1 放入 180℃烤箱裡烘烤 23 ～ 25 分鐘。烤好後，連同烤盤由較低位置往檯面上敲打，以防止蛋糕收縮。連同烤盤紙，由烤盤取出後，移往蛋糕冷卻架，靜置 5 分鐘左右。蓋上盤子等，翻面後拿掉烤盤，輕輕地撕掉烤盤紙。

黃豆粉小紅豆戚風蛋糕

添加黃豆粉，充滿日式風味的麵糊，
加上一整罐水煮小紅豆，烤成和菓子般戚風蛋糕。
嶄新美味的新發現。
搭配口感綿密細緻的鮮奶油也很美味。

材料 (21 × 17 × 3cm 烤盤一個份)

水煮小紅豆 …… 1 罐（200g）

A
- 蛋黃 …… 2 顆
- 植物油 …… 25g
- 水 …… 30g
- 細白砂糖 …… 40g

［蛋白霜］
- 蛋白 …… 2 顆
- 細白砂糖 …… 20g

B
- 低筋麵粉 …… 60g
- 黃豆粉 …… 20g
- 泡打粉 …… 1/2 小匙

前置作業

- 蛋白放入冰箱裡充分地冷卻後備用。
  連同使用的調理盆一起冷卻更好。
- 混合材料 B 後過篩。
- 烤盤鋪上劃好切口的烤盤紙（參照 p.10 圖）。
- 烤箱預熱至 180℃。

製作方法

1　將水煮小紅豆倒入烤盤裡，以湯匙均勻地攤開（*a*）。

2　製作戚風蛋糕麵糊。材料 A 依序倒入調理盆後，立即以打蛋器充分地攪打，促使產生乳化效果。

3　製作蛋白霜。將冷卻的蛋白倒入另一個調理盆裡，一口氣加入記載分量的細白砂糖，以高速運轉的手持式電動攪拌器，打發至撈起時呈現堅挺的尖角狀態。

4　步驟 2 添加半量材料 B 後，垂直立起打蛋器，邊朝著攪拌的相反方向轉動調理盆，邊迅速地攪拌。添加半量步驟 3，打蛋器由調理盆底部撈起後翻拌，蛋白霜不需要完全攪拌均勻。

5　步驟 4 添加剩下的材料 B 後，換成橡皮刮刀，攪拌至微微地留下粉狀為止。添加剩下的步驟 3，由調理盆底撈起後翻拌似地，確實攪拌均勻。

6　將步驟 5 的麵糊倒入步驟 1，以橡皮刮刀抹平表面。此時，由中心劃上對角線狀線條，有助於麵糊平均受熱，烤出相同的鬆軟度。烤盤由較低位置往檯面上敲打 3 ～ 4 次，排除麵糊中空氣。

7　放入 180℃烤箱裡烘烤 23 ～ 25 分鐘。烤好後，連同烤盤由較低位置往檯面上敲打，以防止蛋糕收縮。連同烤盤紙，由烤盤取出後，移往蛋糕冷卻架，靜置 5 分鐘左右。蓋上盤子等，翻面後拿掉烤盤，輕輕地撕掉烤盤紙。

a

料多味美的
戚風蛋糕

製作方形戚風蛋糕麵糊時，

多加一些變化，即完成法式巧克力蛋糕、金磚蛋糕、薩赫蛋糕。

製作麵糊時再添加巧克力、可可粉、抹茶、杏仁粉，

完成料多味美，

風味截然不同蛋糕盡情享用吧！

a
法式巧克力蛋糕
Gâteau au chocolat

b
法式抹茶巧克力蛋糕
Gâteau au chocolat matcha

_c_
輕金磚蛋糕
Light financiers

_d_
薩赫蛋糕
Sachertorte

a

Gâteau au chocolat

法式巧克力蛋糕

大量添加砂糖，製作強而有力的蛋白霜後添加，
完成蓬鬆柔軟，口感濕潤的蛋糕。
以糖粉為裝飾，盡情地享受巧克力滋味吧！

材料 (21 × 17 × 3cm 烤盤一個份)

製菓用巧克力（甜味）⋯⋯ 80g
牛奶 ⋯⋯ 40g
植物油 ⋯⋯ 40g
蛋黃 ⋯⋯ 2 顆
［蛋白霜］
　蛋白 ⋯⋯ 2 顆
　細白砂糖 ⋯⋯ 50g
　｜低筋麵粉 ⋯⋯ 50g
A｜可可粉 ⋯⋯ 10g
　｜泡打粉 ⋯⋯ 1/2 小匙
糖粉 ⋯⋯ 適量

前置作業

● 蛋白放入冰箱裡充分地冷卻後備用。
　連同使用的調理盆一起冷卻更好。
● 巧克力切碎。
● 混合材料 B 後過篩。
● 烤盤鋪上劃好切口的烤盤紙（參照 p.10 圖）。

製作方法

1 將巧克力倒入耐熱容器裡，微波加熱 1 分鐘左右至完全溶解。將牛奶倒入另一個耐熱容器裡，微波加熱 30 秒左右，加熱至沸騰前為止。將巧克力移往調理盆，邊少量多次添加牛奶，邊以打蛋器充分地攪拌，促使產生乳化效果。少量多次添加植物油，添加後即以打蛋器攪拌均勻。添加蛋黃，繼續充分地攪拌，促使產生乳化效果。烤箱預熱至 180℃。

2 製作蛋白霜。將冷卻的蛋白倒入另一個調理盆裡，以中速運轉的手持式電動攪拌器進行打發。打發至產生白色泡沫後，分 2～3 次添加細白砂糖，以高速運轉的手持式電動攪拌器，打發至撈起時呈現堅挺的尖角狀態。

3 步驟 1 添加半量材料 A 後，垂直立起打蛋器，邊朝著攪拌的相反方向轉動調理盆，邊迅速地攪拌。添加半量步驟 2，打蛋器由調理盆底部撈起後翻拌，蛋白霜不需要完全攪拌均勻。

4 步驟 3 添加剩下的材料 A 後，換成橡皮刮刀，攪拌至微微地留下粉狀為止。添加剩下的步驟 2，由調理盆底部撈起後翻拌似地，確實攪拌均勻。

5 將步驟 4 的麵糊倒入烤盤裡，以橡皮刮刀抹平表面。此時，由中心劃上對角線狀線條，有助於麵糊平均受熱，烤出相同的鬆軟度。烤盤由較低位置往檯面上敲打 3～4 次，排除麵糊中空氣。

6 放入 180℃烤箱裡烘烤 23～25 分鐘。烤好後，連同烤盤由較低位置往檯面上敲打，以防止蛋糕收縮。連同烤盤紙，由烤盤取出後，移往蛋糕冷卻架，大致冷卻。最後修飾時以濾茶器篩上糖粉。

b

Gâteau au chocolat matcha

法式抹茶巧克力蛋糕

添加抹茶與白巧克力，切面為鮮豔綠色的蛋糕。
先以白巧克力與鮮奶油製作巧克力奶霜，
添加剩下的材料後，完成入口即化的美好口感。

材料（21×17×3cm 烤盤一個份）

製菓用巧克力（白）……60g
鮮奶油（乳脂含量 35～38%）……60g
抹茶……2 小匙
植物油……20g
蛋黃……2 顆
細白砂糖……30g
［蛋白霜］
　蛋白……2 顆
　細白砂糖……20g
A｜低筋麵粉……60g
　｜泡打粉……1/2 小匙
抹茶（最後修飾用）……適量

前置作業

● 蛋白放入冰箱裡充分地冷卻後備用。
　連同使用的調理盆一起冷卻更好。
● 巧克力切碎。
● 麵糊用抹茶過篩。
● 混合材料 A 後過篩。
● 烤盤鋪上劃好切口的烤盤紙（參照 p.10 圖）。

製作方法

1　將巧克力倒入耐熱容器裡，微波加熱 40 秒左右至完全溶解。將鮮奶油倒入另一個耐熱容器裡，微波加熱 30 秒左右，加熱至沸騰前為止。將巧克力移往調理盆，邊少量多次添加鮮奶油，邊以打蛋器充分地攪拌，促使產生乳化效果。添加抹茶後攪拌均勻，少量多次添加植物油，添加後即以打蛋器攪拌均勻。依序添加蛋黃、細白砂糖，繼續充分地攪拌，促使產生乳化效果。烤箱預熱至 180℃。

2　製作蛋白霜。將冷卻的蛋白倒入另一個調理盆裡，一口氣加入記載分量的細白砂糖，以高速運轉的手持式電動攪拌器，打發至撈起時呈現堅挺的尖角狀態。

3　步驟 1 添加半量材料 A 後，垂直立起打蛋器，邊朝著攪拌的相反方向轉動調理盆，邊迅速地攪拌。添加半量步驟 2，打蛋器由調理盆底部撈起後翻拌，蛋白霜不需要完全攪拌均勻。

4　步驟 3 添加剩下的材料 A 後，換成橡皮刮刀，攪拌至微微地留下粉狀為止。添加剩下的步驟 2，由調理盆底部撈起後翻拌似地，確實攪拌均勻。

5　將步驟 4 的麵糊倒入烤盤裡，以橡皮刮刀抹平表面。此時，由中心劃上對角線狀線條，有助於麵糊平均受熱，烤出相同的鬆軟度。烤盤由較低位置往檯面上敲打 3～4 次，排除麵糊中空氣。

6　放入 180℃烤箱裡烘烤 25 分鐘左右。烤好後，連同烤盤由較低位置往檯面上敲打，以防止蛋糕收縮。連同烤盤紙，由烤盤取出後，移往蛋糕冷卻架，大致冷卻。最後修飾時以濾茶器篩上抹茶。

Light financiers

輕金磚蛋糕

杏仁風味濃郁的「金磚蛋糕」印象依然深刻，
重視食材的豐富性，同時以蛋白霜作出輕盈無負擔的口感。
切成菱形小塊感覺更時尚，招待賓客體面又大方。

材料（21 × 17 × 3cm 烤盤一個份）

A	蛋白 …… 2 顆
	蔗糖 …… 60g
	蜂蜜 …… 10g
	植物油 …… 40g
	原味優格 …… 20g
	香草油 …… 少許

杏仁粉 …… 30g

［蛋白霜］

蛋白 …… 2 顆
細白砂糖 …… 20g

B	低筋麵粉 …… 70g
	泡打粉 …… 1/2 小匙

前置作業

● 蛋白放入冰箱裡充分地冷卻後備用。
　連同使用的調理盆一起冷卻更好。
● 杏仁粉過篩。
● 混合材料 B 後過篩。
● 烤盤鋪上劃好切口的烤盤紙（參照 p.10 圖）。
● 烤箱預熱至 180℃。

製作方法

1 材料 A 依序倒入調理盆後，立即以打蛋器充分地攪打，
促使產生乳化效果。添加杏仁粉後攪拌。

2 製作蛋白霜。將冷卻的蛋白倒入另一個調理盆裡，一口
氣加入記載分量的細白砂糖，以高速運轉的手持式電動
攪拌器，打發至撈起時呈現堅挺的尖角狀態。

3 步驟 1 添加半量材料 B 後，垂直立起打蛋器，邊朝著
攪拌的相反方向轉動調理盆，邊迅速地攪拌。添加半量
步驟 2，打蛋器由調理盆底部撈起後翻拌，蛋白霜不需
要完全攪拌均勻。

4 步驟 3 添加剩下的材料 B 後，換成橡皮刮刀，攪拌至
微微地留下粉狀為止。添加剩下的步驟 2，由調理盆底
部撈起後翻拌似地，確實攪拌均勻。

5 將步驟 4 的麵糊倒入烤盤裡，以橡皮刮刀抹平表面。
此時，由中心劃上對角線狀線條，有助於麵糊平均受
熱，烤出相同的鬆軟度。烤盤由較低位置往檯面上敲打
3 ～ 4 次，排除麵糊中空氣。

6 放入 180℃烤箱裡烘烤 23 ～ 25 分鐘。烤好後，連同烤
盤由較低位置往檯面上敲打，以防止蛋糕收縮。連同烤
盤紙，由烤盤取出後，移往蛋糕冷卻架。

d

Sachertorte

薩赫蛋糕

以戚風蛋糕重現奧地利維也納知名甜點「薩赫蛋糕」。
製作麵糊時，添加巧克力，減少水分，
希望戚風蛋糕麵糊更濃縮，烤出口感更豐富的蛋糕。
覆面後入口即化，整體感更協調。

材料（21×17×3cm 烤盤一個份）

A
- 細白砂糖 ⋯⋯ 40g
- 可可粉 ⋯⋯ 10g
- 植物油 ⋯⋯ 20g
- 原味優格 ⋯⋯ 20g
- 蛋黃 ⋯⋯ 2 顆
- 製菓用巧克力（甜味）⋯⋯ 60g

杏仁粉 ⋯⋯ 20g

［蛋白霜］
- 蛋白 ⋯⋯ 2 顆
- 細白砂糖 ⋯⋯ 20g

B
- 低筋麵粉 ⋯⋯ 50g
- 泡打粉 ⋯⋯ 1/2 小匙

［覆面］
製菓用巧克力（甜味）⋯⋯ 70g
糖粉 ⋯⋯ 40g
水 ⋯⋯ 30g

前置作業

- 蛋白放入冰箱裡充分地冷卻後備用。
  連同使用的調理盆一起冷卻更好。
- 材料 A 的巧克力切碎後，倒入耐熱容器裡，
  微波加熱 50 秒左右至完全溶解。
- 分別篩上可可粉、杏仁粉、糖粉。
- 混合材料 B 後過篩。
- 烤盤鋪上劃好切口的烤盤紙（參照 p.10 圖）。
- 烤箱預熱至 180℃。

製作方法

1 材料 A 的細白砂糖與可可粉倒入調理盆後，以打蛋器攪拌均勻。依序添加剩下的材料 A 後，立即以打蛋器充分地攪打，促使產生乳化效果。添加杏仁粉後攪拌。

2 製作蛋白霜。將冷卻的蛋白倒入另一個調理盆裡，一口氣加入記載分量的細白砂糖，以高速運轉的手持式電動攪拌器，打發至撈起時呈現堅挺的尖角狀態。

3 步驟 *1* 添加半量材料 B 後，垂直立起打蛋器，邊朝著攪拌的相反方向轉動調理盆，邊迅速地攪拌。添加半量步驟 *2*，打蛋器由調理盆底部撈起後翻拌，蛋白霜不需要完全攪拌均勻。

4 步驟 *3* 添加剩下的材料 B 後，換成橡皮刮刀，攪拌至微微地留下粉狀為止。添加剩下的步驟 *2*，由調理盆底部撈起後翻拌似地，確實攪拌均勻。

5 將步驟 *4* 的麵糊倒入烤盤裡，以橡皮刮刀抹平表面。此時，由中心劃上對角線狀線條，有助於麵糊平均受熱，烤出相同的鬆軟度。烤盤由較低位置往檯面上敲打 3～4 次，排除麵糊中空氣。

6 放入 180℃烤箱裡烘烤 20 分鐘左右。烤好後，連同烤盤紙，由烤盤取出後，移往蛋糕冷卻架至完全冷卻。

7 製作覆面。覆面用巧克力切碎後，倒入耐熱容器裡，微波加熱 1 分鐘左右至完全溶解。添加糖粉後以打蛋器攪拌均勻。記載分量的水，分 4～5 次添加，添加後即以打蛋器攪拌均勻。將覆面淋在步驟 *6* 的表面上（*a*），以蛋糕抹刀塗抹整體（*b*）。

a

b

Decoration

How to make「*Forêt noire*」

chapter 3

裝飾蛋糕

製作方形戚風蛋糕後，加上漂亮裝飾，

就能作成賞心悅目，很適合招待賓客，充滿獨特風格的蛋糕。

夾入奶霜，加上配料，吸入糖漿……

加上覆面等，既可避免蛋糕太乾燥，又能維持絕佳口感。

戚風蛋糕輕盈鬆軟無負擔，大口大口地享用吧！

Forêt noire

Carrot apricot chiffon cake

Week-end

Lemon cake

Victoria sandwich chiffon cake

Rum-raisin chiffon cake, apple caramel sauce

82

How to make「Forêt noire」

黑森林蛋糕

可可基底的戚風蛋糕，
以滑潤順口的奶霜、黑櫻桃為裝飾，
完成充滿德國西南部森林地帶「黑森林」意象，
散發巧克力醬與櫻桃酒香氣的大人口味蛋糕。

（完成圖請見 p.83）

1

如同 S'more 戚風蛋糕製作麵糊後，直接烘烤，不加片狀巧克力與棉花糖。烤好後，表面朝下，擺在檯面上，麵包刀由蛋糕中央水平切入後，刀子往前、後移動，將蛋糕切成上、下兩層。

2

將下層蛋糕擺在檯面上，排滿灑過櫻桃酒的黑櫻桃。

3

製作發泡奶油。材料 A 倒入調理盆後，鍋底浸入冰水，以打蛋器攪打成八分發狀態。將略少於半量的發泡奶油加在步驟 2 上，以蛋糕抹刀塗抹整體。

材料（21 × 17 × 3cm 烤盤一個份）

S'more 戚風蛋糕（參照 p.27，但不使用片狀巧克力
與棉花糖）⋯⋯ 1 個份

［發泡奶油］
A 鮮奶油（乳脂含量 35 ～ 38%）⋯⋯ 200g
　細白砂糖 ⋯⋯ 20g
　櫻桃酒 ⋯⋯ 1 小匙
黑櫻桃（罐頭）⋯⋯ 1 罐（約 400g）
櫻桃酒 ⋯⋯ 1 小匙

［甘納許］
　製菓用巧克力（甜味）⋯⋯ 30g
　牛奶 ⋯⋯ 15g
　植物油 ⋯⋯ 1/4 小匙

前置作業

● 黑櫻桃以廚房紙巾確實地擦乾水分。
　挑出 7 ～ 10 顆形狀漂亮的黑櫻桃供裝飾用，剩下的撒上櫻桃酒。
● 巧克力切碎。

4

步驟 3 重疊上層蛋糕後，利用蛋糕抹刀，將剩下的發泡奶油塗滿蛋糕表面。放入冰箱冷卻 15 分鐘左右，使發泡奶油更凝結。

5

製作甘納許。將巧克力倒入耐熱容器後，微波加熱 40 秒左右至完全溶解。將牛奶倒入另一個耐熱容器，微波加熱 20 秒左右，加熱至沸騰前為止。少量多次地將牛奶加入巧克力，添加後即以打蛋器攪拌均勻，促使產生乳化效果。添加植物油後以打蛋器攪拌均勻。以湯匙杓取後淋在步驟 4 上。

6

將裝飾用黑櫻桃加在步驟 5 上。

紅蘿蔔杏桃戚風蛋糕

添加酸奶油，調出入口即化般輕盈口感，
抹上發泡鮮奶油，
大大地提昇紅蘿蔔與杏桃蛋糕的美味程度。
利用蛋糕抹刀，以最輕柔的感覺，抹上發泡鮮奶油吧！

材料 (21×17×3cm 烤盤一個份)

蛋黃 …… 2 顆
植物油 …… 25g
A　紅蘿蔔 …… 1 根（淨重 80g）
原味優格 …… 15g
蔗糖 …… 40g
杏桃乾 …… 50g

［蛋白霜］
蛋白 …… 2 顆
細白砂糖 …… 20g

B　低筋麵粉 …… 70g
泡打粉 …… 2/3 小匙
肉桂粉 …… 1/2 小匙
椰子粉 …… 30g

［含酸奶發泡鮮奶油］
C　酸奶油 …… 30g
鮮奶油（乳脂含量 35～38%）…… 90g
細白砂糖 …… 2 小匙

前置作業

● 蛋白放入冰箱裡充分地冷卻後備用。
連同使用的調理盆一起冷卻更好。
● 紅蘿蔔去皮後磨成泥。
● 杏桃乾切成 1cm 塊狀。
● 混合材料 B 後過篩。
● 烤盤鋪上劃好切口的烤盤紙（參照 p.10 圖）。
● 烤箱預熱至 180℃。

製作方法

1　材料 A 依序倒入調理盆後，立即以打蛋器充分地攪打，促使產生乳化效果。添加切小塊的杏桃乾後攪拌。

2　製作蛋白霜。將冷卻的蛋白倒入另一個調理盆裡，一口氣加入記載分量的細白砂糖，以高速運轉的手持式電動攪拌器，打發至撈起時呈現堅挺的尖角狀態。

3　步驟 1 添加半量材料 B 後，垂直立起打蛋器，邊朝著攪拌的相反方向轉動調理盆，邊迅速地攪拌。添加半量步驟 2，打蛋器由調理盆底部撈起後翻拌，蛋白霜不需要完全攪拌均勻。

4　步驟 3 添加剩下的材料 B 後，換成橡皮刮刀，攪拌至微微地留下粉狀為止。添加剩下的步驟 2，由調理盆底部撈起後翻拌似地，確實攪拌均勻。添加椰子粉後攪拌均勻。

5　將步驟 4 的麵糊倒入烤盤裡，以橡皮刮刀抹平表面。此時，由中心劃上對角線狀線條，有助於麵糊平均受熱，烤出相同的鬆軟度。烤盤由較低位置往檯面上敲打 3～4 次，排除麵糊中空氣。

6　放入 180℃烤箱裡烘烤 25 分鐘左右。烤好後，連同烤盤由較低位置往檯面上敲打，以防止蛋糕收縮。連同烤盤紙，由烤盤取出後，移往蛋糕冷卻架至完全冷卻。輕輕地撕掉烤盤紙。

7　製作含酸奶發泡鮮奶油。材料 C 倒入調理盆後，鍋底浸入冰水，以打蛋器攪打成九分發狀態。

8　將步驟 6 擺在檯面上，利用蛋糕抹刀，將步驟 7 隨意地塗抹整個表面（*a*）。

a

Week end 檸檬蛋糕

以杏桃果醬製作翻轉蛋糕，
緩和了檸檬的苦味與酸味。
蛋糕表面抹上糖霜，
緊緊地鎖住蛋糕裡的檸檬風味。

材料（21 × 17 × 3cm 烤盤一個份）

杏桃果醬 ⋯⋯ 30g
植物油 ⋯⋯ 1 小匙
檸檬 ⋯⋯ 1 又 1/2 個

A	蛋黃 ⋯⋯ 2 顆	
	植物油 ⋯⋯ 25g	
	原味優格 ⋯⋯ 20g	
	檸檬汁 ⋯⋯ 20g	
	細白砂糖 ⋯⋯ 50g	
	檸檬皮（磨成泥）⋯⋯ 1/2 顆	

［蛋白霜］
　蛋白 ⋯⋯ 2 顆
　細白砂糖 ⋯⋯ 20g

B　低筋麵粉 ⋯⋯ 70g
　　泡打粉 ⋯⋯ 1/2 小匙

［糖霜］
　糖粉 ⋯⋯ 40g
　檸檬汁 ⋯⋯ 1 小匙
　水 ⋯⋯ 1 小匙

前置作業

● 蛋白放入冰箱裡充分地冷卻後備用。
　連同使用的調理盆一起冷卻更好。
● 檸檬切成厚 2mm 片狀，準備 12 ～ 13 片。
● 混合材料 B 後過篩。
● 烤盤鋪上劃好切口的烤盤紙（參照 p.10 圖）。
● 烤箱預熱至 180℃。

製作方法

1　混合杏桃果醬與植物油後，抹在烤盤底部。並排檸檬片（*a*）。

2　製作戚風蛋糕麵糊。材料 A 依序倒入調理盆後，立即以打蛋器充分地攪打，促使產生乳化效果。

3　製作蛋白霜。將冷卻的蛋白倒入另一個調理盆裡，一口氣加入記載分量的細白砂糖，以高速運轉的手持式電動攪拌器，打發至撈起時呈現堅挺的尖角狀態。

4　步驟 2 添加半量材料 B 後，垂直立起打蛋器，邊朝著攪拌的相反方向轉動調理盆，邊迅速地攪拌。添加半量步驟 3，打蛋器由調理盆底部撈起後翻拌，蛋白霜不需要完全攪拌均勻。

5　步驟 4 添加剩下的材料 B 後，換成橡皮刮刀，攪拌至微微地留下粉狀為止。添加剩下的步驟 3，由調理盆底撈起後翻拌似地，確實攪拌均勻。

6　將步驟 5 的麵糊倒入步驟 *1*，以橡皮刮刀抹平表面。烤盤由較低位置往檯面上敲打 3 ～ 4 次，排除麵糊中空氣。

7　放入 180℃烤箱裡烘烤 25 ～ 27 分鐘。烤好後，連同烤盤移往移往蛋糕冷卻架，靜置 10 分鐘左右。蓋上盤子等，翻面後拿掉烤盤，輕輕地撕掉烤盤紙。

8　製作糖霜。將糖粉倒入調理盆裡，添加檸檬汁與記載分量的水後，攪拌至呈現濃稠狀態。太濃稠時少量多次加水（分量外）後攪拌均勻。將糖霜抹在步驟 7 上，以蛋糕抹刀塗抹整個表面（*b*）。

9　放入 210℃烤箱裡烘烤 3 分鐘左右，烘乾表面後，移往蛋糕冷卻架。

a　　　　　*b*

檸檬蛋糕

吃過日本長崎蛋糕店的美味檸檬蛋糕後深深感動，
得到靈感後完成這道甜點食譜。
將添加檸檬與杏桃果醬而充滿酸甜滋味的蛋糕，
塗滿白巧克力作成的檸檬甘納許。

材料 （21 × 17 × 3cm 烤盤一個份）

杏桃果醬 …… 30g
檸檬汁 …… 1 小匙
植物油 …… 1 小匙

A
　蛋黃 …… 2 顆
　植物油 …… 25g
　原味優格 …… 20g
　檸檬汁 …… 20g
　細白砂糖 …… 50g
　檸檬皮（磨成泥）…… 1/2 顆

［蛋白霜］
　蛋白 …… 2 顆
　細白砂糖 …… 20g

B
　低筋麵粉 …… 70g
　泡打粉 …… 1/2 小匙

［檸檬甘納許］
　製菓用巧克力（白）…… 80g
　鮮奶油（乳脂含量 35 ～ 38%）…… 40g
　檸檬汁 …… 1 小匙

檸檬皮（裝飾用）…… 適量

前置作業

● 蛋白放入冰箱裡充分地冷卻後備用。
　連同使用的調理盆一起冷卻更好。
● 白巧克力切碎。
● 混合材料 B 後過篩。
● 烤盤鋪上劃好切口的烤盤紙（參照 p.10 圖）。
● 烤箱預熱至 180℃。

製作方法

1 混合杏桃果醬、檸檬汁、植物油後，抹在烤盤底部（*a*）。

2 製作戚風蛋糕麵糊。材料 A 依序倒入調理盆後，立即以打蛋器充分地攪打，促使產生乳化效果。

3 製作蛋白霜。將冷卻的蛋白倒入另一個調理盆裡，一口氣加入記載分量的細白砂糖，以高速運轉的手持式電動攪拌器，打發至撈起時呈現堅挺的尖角狀態。

4 步驟 *2* 添加半量材料 B 後，垂直立起打蛋器，邊朝著攪拌的相反方向轉動調理盆，邊迅速地攪拌。添加半量步驟 *3*，打蛋器由調理盆底部撈起後翻拌，蛋白霜不需要完全攪拌均勻。

5 步驟 *4* 添加剩下的材料 B 後，換成橡皮刮刀，攪拌至微微地留下粉狀為止。添加剩下的步驟 *3*，由調理盆底撈起後翻拌似地，確實攪拌均勻。

6 將步驟 *5* 的麵糊倒入步驟 *1*，以橡皮刮刀抹平表面。烤盤由較低位置往檯面上敲打 3 ～ 4 次，排除麵糊中空氣。

7 放入 180℃烤箱裡烘烤 23 ～ 25 分鐘左右。烤好後，連同烤盤由較低位置往檯面上敲打，以防止蛋糕收縮。連同烤盤紙，由烤盤取出後，移往蛋糕冷卻架，靜置 5 分鐘左右。蓋上盤子等，翻面後拿掉烤盤，輕輕地撕掉烤盤紙。

8 製作檸檬甘納許。將巧克力倒入耐熱容器裡，微波加熱 40 秒左右至完全溶解。將鮮奶油倒入另一個耐熱容器裡，微波加熱 30 秒左右，加熱至沸騰前為止。少量多次添加鮮奶油，添加後即以打蛋器充分地攪拌，促使產生乳化效果。添加檸檬汁後攪拌均勻。

9 步驟 *7* 表面乾燥後，擺在檯面上，淋上步驟 *8*（*b*），以蛋糕抹刀塗抹整個表面（*c*）。以削皮器削下檸檬皮後當做裝飾。

a

b

c

果醬棉花糖夾心蛋糕

構想來自英國人自古就很熟悉的
「維多利亞夾心蛋糕」,
蛋糕夾入味道酸甜的覆盆莓果醬。
軟綿綿的戚風蛋糕之間爆漿似地溢出棉花糖。

材料（21 × 17 × 3cm 烤盤一個份）

最基本的方形香草戚風蛋糕麵糊（參照 p.10 ～ 11 · *1* ～ *7*）……1 個份
覆盆莓果醬 …… 70g
棉花糖（中）…… 16 個（約 70g）
糖粉 …… 適量

製 作 方 法

1　如同最基本的方形香草戚風蛋糕製作麵糊,烤成蛋糕後,表面朝下,擺在檯面上。麵包刀由蛋糕中央水平切入後,刀子往前、後移動,將蛋糕切成上、下兩層。

2　將下層擺在耐熱盤裡,切面塗抹覆盆莓果醬後,排放棉花糖（*a*）。

a

3　步驟 2 微波加熱 1 分半左右。以 10 秒為單位,加熱至棉花糖膨脹為止,膨脹後取出,重疊上層蛋糕後輕輕按壓（*b*）。最後修飾時,以濾茶器篩上糖粉。

b

焦糖蘋果醬
蘭姆葡萄乾戚風蛋糕

料多味美，以加入一整個蘋果，
味道香濃的焦糖醬為裝飾的蘭姆葡萄乾戚風蛋糕。
布丁般入口即化口感最令人驚喜。

<u>材料</u>（21 × 17 × 3cm 烤盤一個份）

薩瓦蘭風戚風蛋糕麵糊
　　（參照 p.69 · *1 ～ 6*）⋯⋯ 1 個份
[焦糖蘋果醬]
　細白砂糖 ⋯⋯ 50g
　奶油（無鹽）⋯⋯ 10g
　蘋果 ⋯⋯ 1 個
　香草莢 ⋯⋯ 1/4 根
　肉桂粉 ⋯⋯ 少許
　蘭姆酒 ⋯⋯ 1 小匙
　鮮奶油（乳脂含量 35 ～ 38%）⋯⋯ 100g

<u>前置作業</u>

● 蘋果去皮，縱切成 16 等份的梳子狀後，切除芯部。
● 香草豆縱向對切後，刮出種子。留下豆莢當裝飾。

<u>製作方法</u>

1　製作焦糖蘋果醬。將細白砂糖倒入平底鍋裡，以中火加熱，邊繞鍋溶解細白砂糖，邊熬煮成深茶色焦糖醬。添加奶油後溶解，小泡泡轉變成大泡泡後熄火，加入蘋果。邊上下翻動蘋果，邊以中火拌炒 2 ～ 3 分鐘後，蓋上鍋蓋，以小火烹煮 5 分鐘左右，使蘋果裹上焦糖醬。

2　蘋果煮軟後，添加香草豆、肉桂粉、蘭姆酒，攪拌均勻（*a*）。添加鮮奶油後，以中火烹煮 4 ～ 5 分鐘，將蘋果烹煮入味後，煮出濃稠度（*b*）。杓入烤盤裡，大致冷卻。

3　如同薩瓦蘭風戚風蛋糕製作麵糊，烤成蛋糕後，表面朝下，盛入盤裡。加上步驟 *2* 的蘋果，淋上醬汁，以香草豆的豆莢為裝飾。

a

b

TITLE

方型烤盤烤出鬆軟戚風蛋糕

STAFF		ORIGINAL JAPANESE EDITION STAFF	
出版	三悅文化圖書事業有限公司	撮影	宮濱祐美子
作者	吉川文子	デザイン	高橋 良（chorus）
譯者	林麗秀	編集・スタイリング	花沢理恵
		料理名英訳	長峯千香代
總編輯	郭湘齡	校正	ヴェリタ
文字編輯	徐承義　蔣詩綺　陳亭安	プリンティング	佐野正幸（図書印刷）
美術編輯	孫慧琪	ディレクション	
排版	曾兆珩	協力	LT shop　03-3401-0302
製版	印研科技有限公司		オルネド フォイユ　03-3499-0140
印刷	桂林彩色印刷股份有限公司		ジョイント
			（リーノ・エ・リーナ、ベルトッツィ）03-3723-4270
法律顧問	經兆國際法律事務所　黃沛聲律師	材料提供	cuoca（クオカ）0570-00-1417　10:00～18:00
			http://www.cuoca.com

戶名	瑞昇文化事業股份有限公司
劃撥帳號	19598343
地址	新北市中和區景平路464巷2弄1-4號
電話	(02)2945-3191
傳真	(02)2945-3190
網址	www.rising-books.com.tw
Mail	deepblue@rising-books.com.tw
初版日期	2018年10月
定價	350元

國家圖書館出版品預行編目資料

方型烤盤烤出鬆軟戚風蛋糕：蓬鬆柔軟、口
感濕潤!翻轉蛋糕、裝飾蛋糕更是令人回味無
窮 / 吉川文子作；林麗秀譯. -- 初版. -- 新北市
：三悅文化圖書, 2018.10
96 面；18.8 x 25.6 公分
譯自：バットでつくるスクエアシフォンケーキ
ISBN 978-986-96730-2-0(平裝)
1.點心食譜

427.16　　　　　　　　　　　107015736